V

COMMUNICATION

DES

MERS DE L'EUROPE

PAR LE DÉPARTEMENT

DU HAUT-RHIN, &c.

ADDITIONS & FAUTES A CORRIGER.

Page 3 , *ligne* 29 , *après ces mots :* la plus convaincante , *mettez par renvoi aux* notes : Voyez aux Canaux de Navigation de M. de la *Lande* , la préface, page xiv.

Page 4 , *aux notes, ligne* 5 , au lieu de *affenfu* , *lifez afcenfu.*

Page 5 , *ligne* 7 , qui la traverfe, *lifez* : qui le traverfe.

Ibidem, à la fin des notes , foulignez ces mots : & DUBIM poftea affumens , ex iifdem montibus eumque navigabilem delapfum.

Page 6 *ligne* 24 , *après* Mandeure , *ouvrez une parenthêfe jufque & compris ces mots :* des colonades , &c.

Page 7 , *ligne* 23 , Héleine , *lifez* Hélène.

Page 9 , *ligne* 28 , *fupprimez ces mots :* comme ils le font aujourd'hui.

Page 10 , *ligne* 16 , *après ces mots :* une grande quantité de fes eaux , *mettez aux* notes : Voyez aux notes de la page fuivante le NB. commençant par ces mots : NB. Les défrichemens , &c. (lequel y eft déplacé.)

Page 14 , *ligne* 19 , au lieu de 130 , *lifez* 30.

Page 15 ; *ligne* 32 , foulignez cette phrafe : *ils font l'ouvrage des digues multipliées , que les étangs & les moulins oppofent au libre cours de cette rivière.*

Page 16 , *ligne* 4 , au lieu de on , *lifez* &.

Ibidem , aux notes ligne 3 , *au lieu de* 11 — 21 , *lifez* 11 Préface , *page* xiv.

Ibidem , ligne 7 , foulignez ces mots : *les éclufes de moulins feroient ouvertes, & tous autres empêchemens ôtés.*

Page 17 *à la note* 333 , foulignez : *fept moulins à changer , pour éviter les malheurs de la navigation.*

Ibidem , note 347 , foulignez : *de faire ôter les moulins empêchant la navigation de la Seine.*

Page 18 , *note* 451 , d'Epze , *lifez* d'Epte.

Page 19 , *note* 481 & 482 , foulignez : *& le Clain eft reflé fans navigation.*

Page 26 , *ligne* 14 , foulignez : *& dont le fond va finir fur la fommiié de cette dernière.*

Page 32 , *ligne* 12 , foulignez : Pefeux , Fretterans & Lays.

Page 33 , la note eft tranfpofée : elle eft relative au texte de la page 35 , lignes 5 , 6 & 7.

Page 37 , *ligne* 21 , fuplus , *lifez* furplus.

Page 38 , *ligne* 19 , réduite , *lifez* détruire.

Page 41 , *ligne* 6 , *mettre entre deux parenthêfes ces mots :* comme il conviendroit de le faire.

Ibidem , ligne dernière , euvent, *lifez* peuvent.

Page 42 , *ligne* 19 : 500 du mémoire de M. Bory, *lifez* , 500 ; au mémoire de M. Bory.

Page 44 , *ligne* 8 , *mettez en note par renvoi , après ces mots :* (les mêmes procédés) (*) La dernière crue de la *Seine* a laiffé fur le bord du paffage , près le collège des quatre nations , un dépôt de fable d'environ 3 pieds d'épaiffeur.

Page 49 , *ligne* 17 , *rayez ces mots :* en effet,

C.

OBSERVATIONS

Sur le Projet de Décret concernant la jonction du Rhône au Rhin, par celle du Doubs à l'Ill.

On a vu, au commencement de la Lettre précédente, que la Loi du 19 Janvier 1791 , après avoir attribué , par l'article IV du titre Ier, à l'Assemblée des Ponts & Chaussées l'examen de tous les projets généraux de routes dans les différens Départemens...; de canaux de navigation , &c. veut , art. VI du même titre , que , lorsqu'il sera question de routes & communications sur les frontières , les projets seront discutés & examinés dans une Assemblée mixte , composée de *Commissaires de l'Assemblée des Ponts & Chaussées & des Commissaires du Corps du Génie* ; que le ré- sultat de cet examen sera porté aux Comités Militaire & des Ponts & Chaussées de l'Assemblée Nationale , réunis ; & qu'il sera statué ce qu'il appartiendra , sur le rapport de ces deux Comités , par le Corps législatif.

Dans la question de savoir lequel de ces deux Corps (du Génie Militaire ou des Ponts & Chaussées) doit être spécialement chargé des communications sur les frontières , on ne cesse de dire que la loi a prononcé en faveur de ce dernier ; cependant dans l'une & l'autre de ces dispositions , il ne s'agit que de l'*examen* des projets généraux de routes & de canaux de navigation. La pre- mière semble l'attribuer d'abord généralement & exclusivement à l'Assemblée des Ponts & Chaussées ; mais la seconde détruit cette disposition générale , lorsqu'il est question des frontières , en lui associant des Commissaires du Corps du Génie. Ni l'une ni l'autre ne parle de *l'exécution* des travaux ; de façon qu'on n'y voit nullement à quel titre MM. des Ponts & Chauffées prétendroient en être exclufivement chargés, & fur-tout de ceux qui intéreffent la fûreté & la défenfe des Départemens qui avoifinent l'ennemi.

Cette obfervation eft d'autant plus fondée, que fi ces travaux étoient propofés par une Compagnie, qui en fît les fonds, ces Meffieurs n'auroient d'autre part à leur exécution que celle d'une furveillance fpéciale, pour les Départemens de l'intérieur ; mais qui ne doit pas leur appartenir exclufivement, pour ceux des frontières, puifqu'ils ne peuvent pas feuls en déterminer les projets.

Dans ce dernier cas, cette furveillance devroit, tout au moins, être partagée entr'eux & les Officiers du Corps du Génie ; mais elle ne feroit pas plus praticable que le feroit l'exécution combinée entre les deux Corps, ainfi que le prouvent les différens multipliés qui ont eu lieu entr'eux.

D'ailleurs, quelle part les Commiffaires des Ponts & Chauffées pourroient-ils y prendre ? L'objet de ces fortes de communications doit fe plier néceffairement aux vues militaires, pour lefquelles ces Meffieurs font indifférens par état ; tandis qu'un canal de navigation, que les Officiers du Corps du Génie feroient fervir à la défenfe des frontières, poffède en même tems, ainfi que nous l'avons vu dans la Lettre ci-devant, les propriétés de l'utilité civile & commerciale qui, d'ailleurs, ne leur font point étrangères, puifque le canal de Languedoc, celui de Picardie, celui de la Lys à l'Aa, &c. font leur ouvrage.

Par les mêmes raifons, dans le cas où les Départemens feroient les fonds de ces fortes de travaux, la furveillance de l'exécution, qu'ils en feroient faire par leurs agens, devroit appartenir exclufivement au Corps du Génie, ainfi que cela ſe pratiquoit en Languedoc dans les travaux des fortifications dont les États faiſoient la dépenſe.

Enfin, ſi ces ſortes de travaux étoient d'une utilité ſi générale qu'il fût injuſte d'en faire ſupporter les frais aux ſeuls Départemens, que ces communications doivent traverſer, & que, en conſéquence, la Nation crut devoir en faire les fonds, en chargeant ces Départemens de leur exécution, il ne conviendroit pas moins d'en confier la ſurveillance au Corps du Génie, qui, ſeul, peut la faire ſervir à l'objet militaire ; de ſorte que le concours des Ponts & Chauſſées, dans l'examen des Projets de ce genre, n'eſt néceſſaire que pour le raccordement de ces communications avec celles des Départemens de l'intérieur, dont la ſurveillance leur appartient excluſivement, dans le cas où elles n'intéreſſeroient que l'objet civil. Je ferai voir par un Mémoire particulier que le local dont il s'agit, ici, renferme une poſition ſi heureuſe & des avantages militaires ſi marqués, que la ſûreté de la frontière & de l'intérieur, dans cette partie, en dépend eſſentiellement.

Je demande, en conſéquence, 1°. que l'examen ultérieur du Projet de la jonction du *Rhône* au *Rhin*, tel que je la propoſe, ſoit porté, conformément à l'article VI du titre Iᵉʳ de la Loi du 19 Janvier 1791, aux Comités de la Guerre, & (à défaut de celui des Ponts & Chauſſées de l'Aſſemblée Nationale, dont je ne connois pas l'exiſtence) à celui de Commerce & d'Agriculture réunis ; & que les Départemens, ſur leſquels les travaux de cette jonction doivent s'ouvrir, ſoient chargés de leur exécution, aux frais de la Nation, ſous la ſeule ſurveillance & inſpection du Corps du Génie.

2°. Que comme l'expérience, le raiſonnement & les autorités les plus reſpectables démontrent (ainſi qu'on va le voir par le Mémoire ſuivant) qu'il eſt impoſſible d'établir une navigation ſolide & permanente, par retenues, dans une rivière auſſi rapide & sujette à de grandes crues, que le Doubs, sans s'exposer à des dépenses, à des réparations, & à des encombremens énormes, qui augmenteroient les inondations & le dégât des possessions riveraines ; cette rivière ayant assez d'eau pour être navigable, en tout tems, ces obstacles destructeurs de son ancienne navigation soient proscrits, pour l'y rétablir par la suppression des digues qui barrent son lit, & dont on se propose de faire rouler les moulins & usines par des moyens sûrs & peu dispendieux, qui vont être mis incessamment sous les yeux de l'auguste Assemblée.

Signé LA CHICHE.

Paris, le

M

L'ASSEMBLÉE NATIONALE ayant ordonné, par la Loi du 19 Janvier 1791, (Article IV, du Titre I) que « l'Affemblée des Ponts » & Chauffées fera chargée de l'examen de tous les projets généraux » de routes dans les différens Départemens...... de canaux de navi- » gation, » &c ; & (Article VI, du même Titre) que « lorfqu'il » fera queftion de travaux qui intérefferont les routes & communi- » cations fur les frontières, les projets feront difcutés & examinés » dans une Affemblée mixte, compofée de Commiffaires de l'Affemblée » des Ponts & Chauffées & des Commiffaires du Corps du Génie ; que » le réfultat de cet examen fera porté aux Comités Militaire & des » Ponts & Chauffées de l'Affemblée Nationale, réunis ; & qu'il fera » ftatué ce qu'il appartiendra, fur le Rapport de ces deux Comités, par » le Corps Légiflatif ». L'Affemblée mixte, dont il s'agit, après avoir examiné le projet de la Jonction du *Rhône* au *Rhin* & de la *Loire* au *Danube* (que j'ai conçu, depuis 1744, & préfenté au Gouvernement dès 1753 ; & fur lequel M. Bertrand, Infpecteur Général des Ponts & Chauffées, chargé, en 1773, d'en rendre compte, a écrit, en 1777 & 1778), a déclaré « que l'importance de ce projet, qui ouvriroit une » circulation générale dans le pourtour du Royaume & avec toutes les » parties de l'intérieur (& de l'extérieur) eft évidente ; que la priorité » de la découverte ne peut en être contestée à M. de la Chiche, » (Maréchal des Camps & Armées du Roi, ancien Chef de Brigade du Corps-Royal du Génie) ; « qu'ayant été abandonné à fes propres forces » & à fes moyens perfonnels, il n'a pu exécuter que la partie des plans » & nivellemens correfpondans au point de partage, qui cependant » donne des notions fuffifantes pour être raffuré fur la poffibilité & , » même, la facilité des moyens d'exécution ; qu'il feroit digne des

» vues d'utilité générale, dont l'Assemblée Nationale est occupée, de
» faire compléter, dès-à-présent, tous les détails spéculatifs de ce grand
» projet; que cet Officier en ayant fait naître la première idée & l'ayant
» déja beaucoup travaillé dans ses rapports commerciaux & militaires,
» il semble que, quelque soit l'interprétation de la Loi du 15 Décem-
» bre dernier, qui attribue aux Ponts & Chaussées l'examen de tous
» les projets généraux de routes, canaux de navigation, &c, l'exécution
» en pourroit être confiée avec convenance au Corps du Génie qui,
» seul, peut la faire servir à la défense des frontières; observant, à
» cette occasion, qu'un canal de navigation, quel qu'en soit l'espèce,
» possède nécessairement les propriétés de l'utilité commerciale; ainsi
» les Officiers du Génie, en assortissant ses travaux aux vues militaires,
» ne peuvent jamais altérer aucuns des avantages de la navigation du
» Commerce; qu'il n'en est pas de même réciproquement; puisque,
» nonobstant les talens distingués, répandus parmi MM. les Ingénieurs
» des Ponts & Chaussées, & malgré les monumens qui en déposent,
» ils sont cependant indifférens, par état, sur les dispositions qui con-
» viennent à la défense du Royaume; d'où s'en suit naturellement négli-
» gence &, même, oubli total sur la double propriété *civile* & *mili-*
» *taire* ; —— que d'après l'ordre de choses, qui existoit alors, le Gouverne-
» ment, à l'instigation des Intendans des Pays intéressés, s'étant emparé de
» ce projet, pour le faire exécuter sous leur Direction & *sur les fonds*
» *de l'État*, cette grande entreprise a été commencée; un canal existe
» déja, de *Dôle* à *Saint-Jean-de-Lône*, & les moyens de rendre navi-
» gable le *Doubs*, de *Dôle* à *Besançon*, sont apperçus; de manière que
» M. de *la Chiche* s'est trouvé évincé de cette première partie du
» projet, sans qu'on daignât lui témoigner un signe d'approbation pour
» tant de peines & de dépenses qu'il lui avoit occasionnées; & enfin
» qu'on ne pourroit, sans ingratitude, lui refuser aujourd'hui un témoi-
» gnage honorable, de la part de l'Assemblée Nationale, qui appréciera,
» sans doute, l'utile opiniâtreté du zèle qu'il a montré, pour déterminer
» cette grande entreprise, à laquelle il y a tout lieu de penser qu'on
» n'auroit pas songé, sans lui ».

Tel eft le réfultat de ce premier examen, qui reconnoît la poffibilité & même, la facilité de la Jonction, dont il s'agit; & qui femble avouer que, pouvant être accommodée à la défenfe de la Frontière, il conviendroit que l'exécution en fût remife au Corps du Génie militaire: mais il eft une partie effentielle du projet fur laquelle l'Affemblée mixte n'a point prononcée; ce font les moyens à employer pour rendre navigables les rivières auxquelles le canal de jonction doit aboutir. MM. les Ingénieurs des Ponts & Chauffées prétendent qu'on ne peut parvenir qu'en multipliant les retenues dans ces rivières (aux frais des Départemens ou des Propriétaires des moulins qui y font établis ou à y établir), au lieu que je foutiens que ces moyens de navigations la détruifent, par la fuite; & qu'on ne pourra parvenir à la rétablir dans celles qui, comme le *Doubs*, en ont été fufceptibles, qu'en leur rendant la liberté de leur cours, dont les digues de moulins les ont privées; *ce qui étant d'une utilité générale, doit être une dépenfe de l'État.* C'eft pour prouver ces affertions que j'ai compofé le Mémoire, ci-joint: s'il paroît fondé, je ferois infiniment flatté qu'on voulût bien folliciter, auprès de l'Affemblée Nationale, l'adoption des moyens que j'y ai propofés, & l'exécution de ce projet, à laquelle je vouerois avec empreffement le refte de ma carrière, en la partageant, *d'après fes ordres,* avec les Officiers du Corps-Royal du Génie, où j'ai fervi & auquel je dois la reftitution d'un Grade que le defpotifme & la haine d'un individu m'avoient fait perdre.

J'ai l'honneur d'être avec refpect,

M

Votre 'très - humble &
très-obéiffant ferviteur,

LA CHICHE.

MÉMOIRE

Sur la Navigation des Rivières & des Fleuves en général, & en particulier sur celle du Doubs & de l'Ill dans les ci-devant provinces de Franche-Comté & d'Alsace, relativement à la jonction du Rhône au Rhin;

Par lequel on prouve que les digues des moulins & les passages qu'on y pratique pour la navigation, la détruisent par la suite, & où l'on indique des moyens plus simples, plus sûrs & moins dispendieux de la rétablir dans ces rivières & de l'y maintenir.

Par M. LA CHICHE, Maréchal des Camps & Armées du Roi, ancien Chef de Brigade du Corps-Royal du Génie.

Le grand nombre de rivières navigables qui, depuis quelque temps, ont successivement cessé de l'être, ne permet pas de douter que des causes étrangères à la marche uniforme de la nature, ne les aient privé de cet avantage si précieux au commerce & à l'agriculture, qui sont les principales sources de la prospérité des empires.

Depuis que les eaux réunies coulent en fleuves sur la surface de la terre, la force de corrosion de leur masse mise en mouvement par la vîtesse que leur donne la pente de leur lit, tend continuellement à se mettre en équilibre avec la résistance du terrein qui les reçoit. « Si l'eau d'un fleuve n'éprouvoit » aucun retardement de la part du lit dans lequel elle coule, il est évident » qu'elle accéléreroit son cours à la manière des corps graves qui tombent » librement........ Mais la résistance que les aspérités du fond & des rives » opposent à ce mouvement, augmentant comme le quarré des vîtesses, elle » affoiblit cette force accélératrice, jusqu'à ce que celle-ci lui devienne » égale, & alors l'eau ne pouvant plus acquérir de nouveaux degrés de » vîtesse ni de retardement, continue de couler avec un mouvement uni-

A

» forme (1) », dans lequel elle perſévère tant qu'il ne lui ſurvient aucun changement de la part de ſon lit.

La meſure de la réſiſtance du terrein dépend ou de la cohéſion de ſes parties, ou de la poſition de ſa ſurface relativement au choc du courant, ou de ces deux cauſes combinées ſous divers rapports: dans un terrein homogène un même fluide, dans les mêmes circonſtances, obtient aiſément ce régime exact; mais, lorſque les parties qui compoſent ſon lit, ſont de ténacité différente, lorſque la réunion de nouveaux courants, ou que des iſſues ſouterreines augmentent ou diminuent ſon volume; quand une pente plus ou moins rapide lui imprime plus ou moins de vîteſſe; lorſqu'enfin, par les ſecours dont on l'aide, ou par les obſtacles qu'on lui oppoſe, ce fluide éprouve quelque viciſſitude; dans ces différens cas la capacité & la forme de ſon lit varient néceſſairement & ſe modifient ſuivant les circonſtances.

Lorſque le fond d'une rivière réſiſte plus que les bords, ſon lit s'étend en largeur: il s'approfondit en ſe rétréciſſant, quand la ténacité de ſes bords ou leur plus grande inclinaiſon oppoſent à l'activité du courant une plus grande réſiſtance que le fond; & cet approfondiſſement ſe fait toujours dans la partie du fond la plus facile à rompre: ainſi, lorſqu'un des bords a plus d'inclinaiſon ou de cohérence que l'autre, le courant s'approche de ce dernier; & ſi cet excès de réſiſtance a lieu alternativement d'un bord à l'autre, le courant ceſſe de couler en ligne droite & parallélement à ſes bords; il les incide, les ronge; il change de direction & de lit, & il en réſulte néceſſairement la dégradation de ces rivières & de leur navigation, quand elles en ſont ſuſceptibles. On peut donc conſidérer les rivières qui ſe ſont procuré d'elles-mêmes une profondeur & une largeur ſuffiſantes à la navigation, comme ayant atteint ce juſte équilibre entre la réſiſtance des bords & du fond, combinée avec leur pente & leur vîteſſe.

Au reſte, ſi le lit d'une telle rivière devoit éprouver quelqu'altération, ce ne pourroit être qu'en augmentant ſa profondeur par le reſſerrement de ſa largeur: l'eau qui y coule eſt naturellement précipitée par ſon poids vers la partie la plus baſſe du fond; lorſque cette partie eſt au milieu de ſon lit, la ſurface de l'eau y étant à peu près de niveau avec celle des parties trans-

---

(1) Principes d'hydraulique de M. le chevalier Dubuat. 1779.

verſalement correſpondantes des bords, elle y a une plus grande profondeur, conſéquemment une plus grande maſſe &, par une ſuite néceſſaire, une plus grande vîteſſe (cauſes immédiates de la corroſion); tandis que ſur les bords & par-tout où la profondeur, à pente égale, eſt moindre, *la vîteſſe ſe ralentit, la quantité de mouvement diminue, & la force de peſanteur des corps dont elle eſt chargée, l'emportant ſur celle de ſa vîteſſe,* ils tombent ſur le fond & s'y accumulent en dépôts : d'où il ſuit, *que dans tout fleuve bien dirigé, les eaux qui y coulent tendent naturellement à l'approfondir vers le milieu de ſon lit, ou du moins à le maintenir dans ſa profondeur naturelle,* en empêchant qu'il ne s'y forme des dépôts, *& ces mêmes eaux encombrent leur lit des corps dont elles ſont chargées, pour peu qu'on y gène leur écoulement.*

De ces réflexions générales on peut conclure, qu'il ne faut attribuer la diſcontinuité de la navigation ſur la plûpart des rivières où elle s'exerçoit autrefois, qu'aux ſeules entraves dont on les a embarraſſées, & qui les ont privées de la profondeur que la nature leur avoit aſſignée ; *& telles ſont principalement les digues de moulins dont on a barré leur lit :* c'eſt ce que nous allons faire voir par des faits multipliés & par les autorités les plus reſpectables.

D'abord on ne peut douter que la navigation n'ait été pratiquée dans les *Gaules,* pendant que les *Romains* les ont occupées : j'ai dit (voyez mon Proſpectus de la jonction du *Rhône* au *Rhin,* page 2.) qu'ils avoient des troupes de *Nautoniers* uniquement conſacrés à accommoder le lit des fleuves & des rivières, pour les rendre propres à la navigation qu'elles étoient chargées d'y exercer. L'autel trouvé dans les fondations de la chapelle de la vierge, derrière l'égliſe métropolitaine de Paris, (lequel étoit conſacré à *Jupiter le Nautonier,* JOVI NAUTÆ), & tant d'autres monumens de la navigation dans les *Gaules,* conſignés dans les Mémoires des ſavans, établiſſent ce fait de la manière la plus convaincante.

Le témoignage de STRABON dans ſa Géographie, liv. IVᵉ, y eſt formel. « Toute la *Gaule,* dit-il, eſt arroſée par des fleuves, dont les uns deſcen » dant des *Alpes,* les autres des *Cevennes* & des *Pyrénées,* ſe rendent partie » dans l'OCÉAN, & partie dans notre mer (la MÉDITERRANÉE). Les » lieux qu'ils parcourent, pour la plûpart, ſont cultivables, ou des vallons

» de terre , avec des rivières navigables ; & leur poſition reſpective eſt ſi
» commodément placée, *qu'on peut aiſément tranſporter les marchandiſes*
» *de l'une à l'autre mer, la plus grande partie en deſcendant ou en re-*
» *montant ces fleuves , & un peu auſſi par terre :* à quoi eſt plus propre
» que les autres le RHÔNE , dans lequel , ainſi qu'il a été dit , les eaux con-
» fluent de pluſieurs endroits , & qui ſe termine à notre mer, de préférence
» à l'*Océan* , après avoir coulé dans la région de toute la *Gaule* la plus
» fertile (1) ».

On lit dans les annales de Tacite, Liv. XIII, §. LIII, que « L. Vetus,
» Général Romain, ſous l'empire de *Néron*, ſe préparoit à joindre, par un
» canal, la *Saône* avec la *Moſelle*, afin que les troupes, tranſportées par
» mer dans le *Rhône* & la *Saône*... & par ce canal dans le *Rhin*, puſſent
» s'avancer juſqu'à l'*Océan*; *enſorte qu'évitant la difficulté des chemins ,*
» *les côtes du COUCHANT & du SEPTENTRION fuſſent acceſſibles*
» *par la navigation* (2) ». Quoique ce canal n'ait point eu lieu, & que dans
ces derniers temps on l'ait jugé impraticable par nos foibles moyens , néanmoins ce projet indique les grandes vues des *Romains* ſur la navigation
dans les *Gaules*.

A en juger par les Commentaires de CÉSAR, elle devoit être en vigueur
dans la *Gaule Séquanoiſe*, lorſqu'il prévint les deſſeins d'ARIOVISTE, chef
des *Germains*, en occupant *Beſançon*. « C'étoit, dit-il Liv. I., la plus grande

---

(1) Tota ergò Gallia amnibus rigatur, quotum alii ex *Alpibus*, alii ex *Cemmeno* &
Pyrenæ delapſi , partim in *Oceanum* , partim in *noſtrum mare* exeunt. Loca per quæ
feruntur , pleraque ſunt campeſtria , aut tumuli terreſtres , alveis prædiri navigabilibus ;
alveique ità ſe commodè invicem reſpiciunt, ut ab utroque mari facilè perferantur merces,
majori ex parte deſcenſu & aſſenſu fluviorum , aliquantùm etiam terrâ : ad quam rem aptior
aliquantò reliquis eſt *Rhodanus*, in quem (ut dictum eſt) multis ex locis aqua confluit ,
& qui in noſtrum mare exit, *Oceano* meliùs , & regionem totius *Galliæ* fœcundiſſimam
perlabitur.

Strabon. Geograph., Lib. IV. Trad. Caſaub.

(2) *Vetus Moſellam* atque *Ararim* , factâ inter utrumque foſſâ , connectere parabat,
ut copiæ per *Mare*, dein *Rhodano* & *Arare* ſubvectæ , per eam foſſam , mox fluvio *Mo-*
ſellâ in *Rhenum*, exindè in *Oceanum* decurrerent, ſublatiſque itinerum difficultatibus,
navigabilia inter ſe *Occidentis Septentrioniſque* littora fierent.

Tacit. Annal., Lib. XIII, §. LIII.

» ville des *Séquanois*, dans laquelle y avoit en abondance toutes les chofes
» en ufage à la guerre ». Il paroît même que le commerce avoit mis les négocians qui y étoient alors, dans le cas de connoître beaucoup les *Germains*;
puifque ce fut d'après le portrait qu'ils en firent aux foldats *Romains*, que
l'épouvante s'empara de toute l'armée (3). Or le commerce ne peut guères
fleurir dans un pays, fans le fecours de la navigation : il y a donc apparence
qu'elle exiftoit dès-lors à *Befançon*, fur le Doubs qui la traverfe.

La guerre que le péage de la *Saône* avoit occafionnée entre les *Séquanois*
& les *Éduens*, fuppofe que le commerce & la navigation étoient en activité chez ces peuples, & femble confirmer ces conjectures. On eft d'autant
plus fondé à les adopter, que peu après cette époque, la rivière du Doubs
étoit certainement navigable : en voici des preuves fans réplique.

Strabon, dans le livre ci-devant cité, la regarde pofitivement comme
telle. « La *Saône* defcend des *Alpes* » (dit ce célébre Géographe, qui regar-
doit les *Vôges* & les *Monts-Jura* comme faifant partie de cette grande
chaîne); « elle fépare les *Séquanois* des *Éduens* & des *Lincaffiens*; elle
» reçoit enfuite LE DOUBS, NAVIGABLE DEPUIS CES MÊMES MONTA-
» GNES; & formée de ces deux rivières, la *Saône* va fe méler au *Rhône* (4)».
Au refte, on fait que *Strabon*, qui a fourni une très-grande carrière, vivoit
du temps de *Céfar*, & ne mourut que 68 ans après lui.

Dans le même livre il ajoute : .... « enforte que dans des chofes de ce

---

(3) Quum tridui viam proceffiffet, nunciatum eft ei *Ariofiſtum* ad occupandum *Vefontionem*, quod eft opidum maximum *Sequanorum* contendere ..... idne accideret
magnoperè præcavendum fibi *Cæfar* exiftimabat : namque omnium rerum quæ ad bellum
ufui erant, fumma erat in eo opido facultas ..... Dùm paucos dies ad *Vefontionem*
moratur, ex percunctatione noftrorum vocibufque *Gallorum* ac *Mercatorum*, qui in-
genti magnitudine corporum *Germanos* incredibili virtute atque exercitatione in armis
effe prædicabant .... tantus fubitò timor omnem exercitum occupavit, ut non mediocriter
omnium mentes animofque perturbaret. *De Bello Gallico Lib. I.*

(4) *Arar ex Alpibus* labitur, *Sequanos* & *Æduos* & *Lincaffios* difcernens, &
Dubim poftea affumens, ex iifdem montibus eumque navigabilem delapfum; itaque ex
utroque confectus *Arar, Rhodano* mifcetur.
Strabon. Geograph. Lib. IV, Trad. Cafaub.

» genre il n'eſt perſonne qui ne puiſſe reconnoître, à la vue de la diſpoſi-
» tion des différens lieux de cette région, qu'elle eſt moins l'ouvrage du
» haſard que de quelque motif particulier de la providence : car le *Rhône*
» peut ſe remonter à une aſſez grande hauteur, *même avec des bâtimens*
» *chargés de grands poids*, qu'il diſtribue dans les différentes parties du
» pays; *puiſque les rivières qui tombent dans le* R H Ó N E *ſont navigables*
» *& ſuſceptibles de tranſporter de peſants fardeaux*, tels que ceux que
» reçoit la S A Ô N E, ainſi que le D O U B S qui y conflue : enſuite les mar-
» chandiſes ſont tranſportées, par terre, juſqu'à la S E I N E, ſur laquelle elles
» deſcendent juſqu'à l'O C É A N (5) ».

Tel étoit l'état de la navigation dans les *Gaules*, ſous l'empire de *Céſar*,
d'*Auguſte* & de *Tibère*; & l'on doit juger par ce détail quelle part la *Gaule
Séquanoiſe* doit y avoir eu. On ſait que la *Suiſſe* en faiſoit partie : ce fut
pour en faciliter la communication avec le reſte de la province, que *Pa-
ternus*, Duumvir de la Colonie d'*Avenches*, fit ouvrir ou décombrer, vers
l'an 238, le rocher de *Pierrepertuis*, afin d'y pratiquer un chemin qui com-
muniquât, par une branche avec le *Sundgaw* & la *Haute-Alſace*, & par
une autre avec le Dioceſe de *Beſançon*. Celle-ci a été reconnue par un ſa-
vant Académicien de cette ville, auteur d'une notice générale des Gaules,
(M. *Perreciot*, ci-devant Tréſorier de France). Cette branche paſſoit à
l'Abbaye de *Bellelaye*, à *Cornod*, à *Porentrui*, & traverſoit le *Doubs* au-
deſſous du *Pont-de-Roide*, ſous un pont dont il reſte encore aujourd'hui des
veſtiges. Le *Doubs* a été certainement navigable juſqu'à ce pont, (qui eſt
à une lieue & demie plus haut que *Mandeure*, ſuperbe ville, ruinée par Attila
vers l'an 450, & dont on découvre journellement des bains en marbres,
des tombeaux, des colonades, &c. : c'étoit-là qu'on chargeoit ſur les voi-

---

(5) Adeòque in hujuſmodi rebus non nemo exiſtimari poſſit providentiæ operibus teſ-
timonium exhiberi, non fortuitò, ſed ratione aliquâ, diſpoſita regionis illius loca intuens :
nam *Rhodanus* ſursùm navigari poteſt, longo ſatis ſpatio, idque magnis navium pon-
deribus quæ ipſa per varias regionis partes diſtrahit; cùm in *Rhodanum* incidentia flu-
mina ſint navigabilia & vehendis magnis oneribus idonea. Excipit enim ea *Arar* & in
hunc influens *Dubis*. Exindè uſque ad *Sequanum* fluvium terrâ merces tranſportantur.
Hinc ſecundo amne deferuntur ad *Oceanum*.

Strabon. Geograph. Lib. IV, Trad. Caſaub.

.tures les marchandifes que l'on tiroit par eau de la *Méditerranée* & de *Lyon*, pour les rendre à *Soleure*, *Zurich*, &c., par le paffage de *Pierrepertuis*. La direction de la route dont il s'agit vers ce pont, de préférence à *Mandeure*, quoique ville confidérable, paroît appuyer ce raifonnement. Ce terme de la navigation des *Romains* fur le *Doubs*, eft d'environ trois lieues & demie au-deffus de l'embouchure de l'*Alland* (6), qui defcend de *Montbéliard* dans cette rivière, & où doit commencer le canal de jonction que je propofe du *Doubs* au *Rhin* : il n'eft donc pas douteux qu'en rétabliffant le *Doubs* dans fon lit primitif, fa navigation ne pût encore atteindre cette embouchure.

Les Mémoires hiftoriques de la République *Séquanoife*, par GOLLUT, imprimés à *Dole* en 1592, liv. 2., chap. 2., & le *Vefontio* de CHIFFLET, part. 2., pag. 38, rapportent une légende de *S. Hilaire*, Archevêque de *Befançon*, *que Gollut affure avoir tenue*, fuivant laquelle « la mère de » l'Empereur *Conftantin* voulant faire conftruire dans cette ville l'Eglife de » *S. Etienne*, fit charger à *Rome* un navire qui, ayant franchi la mer, par- » vint à *Arles*, remonta le *Rhône*, entra dans la *Saône*, & de-là dans une » rivière que l'on nomme le DOUBS, (laquelle coule autour de *Befançon*), » où il fe démembra, fans que l'on fache par quel hafard, ni à quelle oc- » cafion ; de forte que, précipité dans un gouffre de cette rivière, il dif- » parut, à caufe du marbre, de l'airain & des différentes efpèces de ma- » tières qui étoient néceffaires à la conftruction d'une Eglife , ce que Ste. » *Héleine* n'eut pas le temps de réparer , puifque incontinent après elle » repofa heureufement dans le Seigneur (7) ».

---

(6) Il y a apparence que c'eft la réunion de cette rivière avec le DOUBS, qui a donné à cette dernière le nom d'*Addual Dubis*, fuivant les Commentaires de *Céfar*, de l'édition de F. Urfinus ; & fuivant d'autres manufcrits, *Alduas Dubis*.

(7) Infuper præparat *Romæ* claffem quæ deducta per mare evafit per *Arelatum*, Dein emenfo Rhodani fluminibus afcenfu, ingreffa *Ararim*, pervenit ad aquam, cui nomen eft *DUBIUS* (quæ eft decurrens juxta urbem *Vefuntienfium*), in quam paululum ab *Arari* emerfa, cùm afcendendo laboraret, eft diffoluta compagibus (ignotum quâ occa- fione & cafu) : ficque onus navis in fluminis gurgitem non comparuit merfum : erat enim onufta marmore & ære & diverfi generis materie, quæ erat neceffaria conftruendæ Eccle- fiæ. Sed & B. Helena ad hoc reparandum longum non habuit vitæ terminum, ftatimque in Domino quievit, fine beato. *Gollut & Chifflet*.

Sainte *Hélène* mourut le 18 août 327. Long-temps après cette époque le *Doubs* étoit encore navigable. Plufieurs diplômes de nos Rois de la première & de la feconde race, prouvent que la navigation y étoit exercée en 816, 875 & 941, fous *Louis le Débonnaire*, *Charles le Chauve* & *Louis d'Outremer*. Ces Princes accordèrent à l'Abbaye de l'*Isle-Barbe*, près de *Lyon*, « la permiſſion d'avoir en tout temps trois navires; & à celle de » *Tournus* l'exemption de tous droits, pour négocier à la *Mer*, fur le *Rhône*, » fur la *Saône*, fur le *Dow* & la *Loire*, fur lefquels on navigeoit alors, » (*fluminibus navigantibus* (8)) ».

Enfin M. le Maréchal de *Vauban* (c'eſt-à-dire, l'homme le plus en état de porter fur cette affaire un jugement certain), affure dans fon *Mémoire fur la navigation des rivières de* FRANCE , « que le *Doubs* a beaucoup » d'eau…. & qu'il pourroit fe rendre très-navigable depuis la *Saône* juf- » qu'à *Mandevre* ». (Édition de Paris 1781, pag. 34.).

D'après des autorités auſſi refpeſtables & des monumens d'une telle au-thenticité, il n'eſt pas poſſible de douter que la navigation n'ait eu lieu dans les *Gaules* & en *Franche-Comté*, au moins juſqu'au dixième fiècle : mais les irruptions des *Normans* & des *Hongrois*, arrivées à cette époque, ayant dévaſté, à différentes reprifes, (ainſi que je l'ai dit au Profpeſtus de la jonſ- tion du *Rhône* au *Rhin*) la *France* & cette malheureuſe province, & la dé-population s'en étant fuivie, la ceſſation du commerce entraîna celle de la

---

(8) Diplome de *Louis le Débonnaire*, de l'an 816, par lequel il permet aux Abbé & Religieux de l'*Isle-Barbe*, « omni tempore tres naves per *Sagonam* , *Rhodanum* & » *Dubim* negociandi cauſâ dirigere ». Hiſt. de l'*Isle-Barbe*, page 46. — D. Bouquet , tom. 6 , page 482.

Diplome de *Charles le Chauve*, daté du 14 des kal. d'avril, l'an 35 de fon régne (875), & le fixème de la fucceſſion du Royaume de *Lothaire* , par lequel il accorde à l'Abbaye de *Tournus* l'exemption de tous droits….. In *Mari* , aut *Rhodano* , feu *Sa-gona* , aut *Dow* , vel *Ligeri* , fluminibus navigantibus ». V. S. Julien , art. *Tournus* , pag. 510 ; & apud D. Bouquet , tom. 8 , pag. 648.

Diplome de *Louis d'Outremer* (en 941) par lequel il défend d'exiger des Religieux de l'Abbaye de *Tournus* …… « Teloneum aut ullam exaſtionem neque in *Mari* , five » *Ligeri* fluvio, aut *Rhodano* , five *Sagona* , aut *Dow* , vel cæteris fluminibus navigan-tibus ». Chifflet , Hiſtoire de l'Abbaye de *Tournus* , preuves, pag. 177.

navigation : en conséquence on négligea d'entretenir le cours des rivières, ce qui donna lieu aux entreprises des constructeurs de moulins avec écluses, traversant leur lit, & dont nous verrons ci-après les pernicieux effets.

Au surplus, la légende de S. *Hilaire* donne lieu à plusieurs réflexions importantes qu'il convient de développer.

1° Pour que Ste. *Hélène* eût pu se déterminer à envoyer de *Rome* un navire chargé de marbre & d'airain pour la construction de l'Eglise S. *Etienne*, à *Besançon*, il falloit qu'on y fût bien assuré que le *Doubs* étoit navigable, au moins jusqu'à cette dernière ville.

2° Le *Doubs* avoit donc alors une grande profondeur d'eau, puisque le même navire qui devoit franchir un trajet de mer aussi considérable & aussi difficile que celui de l'embouchure du *Tibre*, aux bouches du *Rhône*, étoit destiné à remonter par ce dernier fleuve jusques dans cette rivière, & qu'il y entra en effet.

3° On ne pouvoit pas ignorer à *Rome*, que ce navire exigeroit d'autant plus d'eau, qu'il étoit chargé d'un très-grand poids en marbre, airain & autres matières pesantes, & en très-grande quantité, puisqu'il s'y agissoit de la construction d'une grande Eglise.

4° Le démembrement de ce navire ne prouve rien contre cette conjecture : il n'eut lieu par aucun choc ; au contraire, son immersion subite dans un gouffre fait voir qu'il y avoit dans cette partie une grande profondeur d'eau ; & l'impossibilité où l'on fut d'en découvrir la cause, démontre qu'elle ne venoit point de la part du fleuve ; on ne peut donc l'attribuer qu'au dérangement de ses assemblages, en remontant le *Rhône*, dont la rapidité, de tout temps, a exigé de grands efforts.

5° Cette navigation, entreprise avec connoissance & sans doute d'après l'expérience journalière, suppose que les sables de la partie inférieure du *Doubs* n'étoient point alors un obstacle à la navigation, comme ils le font aujourd'hui : c'est que la rapidité de cette rivière n'étoit pas ralentie par le grand nombre d'écluses de moulins, comme elle l'est aujourd'hui, & que vraisemblablement les Romains avoient une administration relative à la tenue de son lit, qui n'étoit pas abandonné, comme à présent, au caprice & à l'ineptie des riverains.

6° Par la même raison les rochers qu'on rencontre dans plusieurs parties

B

de son lit actuel, (& sur-tout au-dessous de *Besançon*, où , suivant les mariniers les plus expérimentés, sont les passages les plus difficiles de tout le
cours du *Doubs*, depuis le *Pont-de-Roide* jusqu'à son embouchure), attes-
tent que ce lit n'est point l'ancien lit de cette rivière, puisqu'il eût été impraticable à un bâtiment chargé de marbre & d'airain. Il est évident que
ce nouveau canal a été ouvert par l'effet des digues de moulins, dont l'o-
bliquité a dirigé le courant impétueux des grandes eaux sur les bords de
l'ancien lit, en même temps que celui-ci se combloit des débris qu'elles
arrachoient du nouveau : c'est ce qui a fait dire à GOLLUT, il y a 200 ans,
dans l'endroit ci-devant cité : « *Et certes si le fleuve ÉTOIT DEDANS*
» *SON VIEIL CANAL, ou que celui d'aujourdhui fût repurgé de*
» *quelques rochers qui sont au fond, & DÉNUÉ DE CES ÉCLUSES*
» *DE MOULINS QUI CAUSENT TANT DE PERTES, L'ON*
» *LE RENDROIT INDUBITABLEMENT NAVIGABLE*». Les
écluses supprimées, il est très-vraisemblable que cet ancien canal & même
le navire de Ste.-Hélène se retrouveroient.

7°. Il n'est pas possible de penser que le *Doubs* contînt alors une plus
grande quantité d'eau qu'aujourd'hui : ce sont les mêmes sources qui le four-
nissent, & l'étendue des terreins qui y versent les eaux de pluie & de la
fonte des neiges, est , sans doute, à peu près la même à présent comme alors;
les vestiges du *Pont-de-Roide* ci-dessus, & du *Pouthoux*, près de son embouchure, indiquent que la pente du fleuve n'a pas changé : d'où vient donc
cette si grande différence qu'on y remarque actuellement? Il n'en faut chercher
la cause principale que dans l'établissement des digues de moulins, qui l'ont détourné en partie & l'ont comblé de sables & de graviers, au travers desquels s'écoule une grande quantité de ses eaux.

C'est à cette cause en effet qu'il faut rapporter la perte de la navigation en général. L'auteur d'un ouvrage intitulé : *Navigation de Bour-*
gogne, publié à *Dijon* en 1774, en fournit des exemples & des preuves
en parlant de l'*Arroux*. « On ne peut pas douter, dit-il, pag. 89, que
» l'*Arroux* ne soit aisément mis en état de porter bateaux, sans que, pour
» y parvenir il en coûte beaucoup de frais : on pourroit même assurer que
» cette rivière a été autrefois navigable jusqu'à *Autun*. L'extrême pesan-
» teur des colonnes de granit & de marbres étrangers, dont on trouve de

» grands morceaux, ne permet pas de croire qu'on ait pu les voiturer par
» terre; ce n'est vraisemblablement que par l'*Arroux* qu'on aura conduit
» ces masses énormes à leur destination. L'un des plus grands services qu'on
» pût rendre au public, seroit de rétablir cette ancienne navigation ». Et
plus bas, pag. 91 : « L'*Arroux* & toutes les rivières qui sont un peu fortes,
» étoient navigables pendant une partie de l'année, avant l'invention des
» moulins à eau : il n'y avoit point alors de digues à travers les rivières .....
» les moulins sur les rivières ne furent point connus des anciens ; cette in-
» vention n'est que de la fin du sixième siècle (*). Depuis ce temps la na-
» vigation riveraine est toujours allé en diminuant, jusqu'à ce qu'on ait
» imaginé les écluses à doubles paires de portes, vers la fin du XVIᵉ siècle....
» Pendant tout ce temps les bateaux passèrent par des pertuis également
» dangereux, soit qu'ils fussent profonds, ou qu'ils ne le fussent pas (9) ».

(*) Cette assertion se trouve confirmée par un passage du *Cours de Phys. exp.* du
docteur Desaguliers, trad. du P. Pezenas, tome 11, page 484, note *, & page 630.

« On s'est servi jusqu'au VIᵉ siècle des bras des hommes ou de la force des autres ani-
» maux pour moudre le blé ; *ce n'est qu'alors que les moulins à eau ont été en usage*
» *pour la première fois*, & les *moulins à vent* n'ont commencé à être connus que
» dans le douzième siècle ».

« Ce n'est que vers l'an 1280, ou presque 1300, qu'on a commencé à se servir des
» moulins à vent ». (*Architecture hydraulique de* Belidor, t. 11, liv. 3, pag. 33).

N. B. Les défrichemens des montagnes & des terreins élevés doivent aussi y avoir con-
tribué, puisque ce n'est que dans les parties supérieures des grands fleuves qui débouchent
à la mer, qu'ils sont susceptibles de recevoir des digues de moulins, ponts & autres entraves, dont la main des hommes les enchaînent, & que néanmoins ces fleuves sont rem-
plis de dépôts & d'atterrissements dans la plus grande partie de leur cours ; mais il est
présumable que si on n'eût jamais affoibli ni embarrassé par de pareils obstacles leur libre
écoulement, qu'on en eût arrangé les bords, ainsi que je le dirai ci-après, le courant,
(pour peu qu'on l'eût aidé d'ailleurs) se seroit purgé lui-même de la plus grande partie
de ses dépôts. Dans tous les lieux agrestes les fleuves sont encaissés, rapides & réunis en
un seul lit ; au lieu que dans les parties cultivées ces mêmes fleuves s'emcombrent, s'é-
tendent en largeur, aux dépens de leur profondeur, & se divisent en plusieurs bras, qui
forment un archipel d'isles, d'isthmes, caps, promontoires, &c.

Enfin, on peut aussi attribuer en partie le dépérissement de la navigation à des causes mo-
rales, telles que les droits de péages, les exactions, & tout ce que l'avidité des grands feu-
dataires, des seigneurs justiciers, & ensuite du fisc a imaginé de plus oppressif.

(9) Les moulins sur les rivières n'ont eu lieu, dans les deux Bourgognes, qu'au X

A la vérité l'auteur prétend, fans le prouver, qu'avant l'ufage de ces pertuis, « il n'étoit queftion pour naviger que de profiter des momens que » les eaux fe trouvoient à la hauteur convenable » : mais feroit-il donc im-poffible que les rivières dont il s'agit, euffent été dès-lors même navigables à peu près en tout temps ? Nous avons dit que les *Romains* avoient une adminiftration relative à la navigation des rivières dans les *Gaules* : indé-pendamment de l'avantage que le commerce en retiroit, elle fervoit encore pour le tranfport des troupes & des munitions de guerre, « afin que les » troupes », dit *Tacite* (V. ci-devant la note cotée 2), « puffent s'avancer » jufqu'à l'*Océan*, & que, évitant la difficulté des chemins, les côtes du » *Couchant* & du *Septentrion* fuffent acceffibles par la navigation ». Or, on fent bien que la célérité qu'exigent les expéditions militaires, n'auroit pas permis de les expofer au hafard & à l'incertitude du temps des crues, qui font ordinairement très-rares pendant celui de ces expéditions, & qu'ainfi il eft très-probable qu'ils avoient rendu navigables les rivières des *Gaules* pendant leurs baffes eaux. Quoi qu'il en foit, il réfulte toujours de ce que l'auteur vient de dire, que, même fuivant lui, les digues ne font point effen-tielles aux moulins, puifque les anciens les ignoroient. Pourquoi veut-il donc les leur conferver, en y adaptant de fragiles fas ? Et dès que, de fon aveu, les rivières un peu grandes étoient navigables fans leur fecours, ces digues ne font donc pas plus néceffaires à la navigation qu'aux moulins. Enfin il avoue qu'elles lui font contraires, puifqu'il dit, que depuis leur éta-bliffement la navigation eft allée en diminuant, malgré les paffages qu'on lui avoit ménagés, par l'ouverture des pertuis, au travers des digues dont il s'agit.

Je conviens que cet auteur, en attribuant la diminution de la navigation aux dangers que les pertuis lui font éprouver, propofe, pour y remédier, de leur fubftituer des fas ; mais cette reffource eft-elle donc fans incon-

---

fiècle, ainfi que nous l'avons vu : on n'y a jamais conftruit qu'un feul fas à double paire de portes bufquées, qui eft celui de *Criffey*, près *Dole*, fur le *Doubs*, dont il eft quef-tion dans mes Obfervations fur le Mémoire de M. Bertrand, pag. 8 & 9. Les portières qu'on y a faites, font établies de ce fiècle. L'auteur voudroit leur fubftituer des fas en charpente & en terre.

yéniens ? Pourquoi cette idée si simple n'est-elle pas venue depuis le seizième siècle ? En un mot, pourquoi ne les a-t-on placés avec succès que dans des canaux particuliers & isolés, pour abandonner au courant des rivières leur lit naturel ? C'est que, de quelque façon qu'on s'y prenne, ces ouvrages sont toujours digues, & que l'impétuosité des grandes eaux (qu'ils contribuent même à élever toujours plus) produit des ravages dont ils sont les premières victimes : aussi les personnes les plus instruites dans ce genre préféroient-elles la dépense d'un canal collatéral (lorsque les circonstances locales le permettoient), à l'établissement de ces écluses & de leur retenue.

J'ai rapporté sommairement (dans mes Observations sur le Mémoire de M. B., pag. 16) ce que M. de la *Lande* en dit dans son ouvrage *sur les Canaux de Navigation*, relativement à celui de la communication des deux mers par le *Languedoc*. On y lit, Nos. 10 & 11, que « pour conduire jus-
» qu'à la *Garonne* les eaux réunies au point de partage, M. de RIQUET
» avoit trois projets.... le premier étoit de faire un canal navigable depuis
» le point de partage jusqu'à la rivière d'*Agoult*, & de rendre cette rivière
» navigable (10) jusqu'au *Tarn*, qui l'est déjà jusqu'à la Garonne ; mais ces
» rivières, dit-il, sont sujettes à de grandes inondations, & la navigation
» en est très-difficile. M. de *Riquet* avoit en conséquence médité sur un
» second moyen ; c'étoit de faire un canal depuis le point de partage jus-
» qu'au ruisseau de *Giroult*, qui se dégorge dans celui de *Lers*, & de rendre
» l'un & l'autre de ces ruisseaux navigables jusqu'à la *Garonne*, où tombe
» le *Lers*. Le troisième projet, *auquel il donna la préférence, étoit de
» creuser un canal depuis le même point de partage, & de le conduire, en
» abandonnant les ruisseaux de Giroult & du Lers*, jusqu'à la *Garonne*,
» près de *Toulouse* ».

« No. 12. Quant à la conduite des mêmes eaux vers la *Méditerranée*, son
» projet fut d'abord de faire un canal jusqu'à la rivière de *Fresquel*, *en la
» rendant navigable*, ainsi que celle d'*Aude* qui la reçoit dans son lit, &
» de continuer par la Robine de *Narbonne* jusqu'à la *Mer* ; mais dans l'exé-

---

(10) *N. B.* La navigation dont il s'agit ici, ainsi que celle ci-après des ruisseaux de *Giroult* & du *Lers*, devoit se faire par le moyen de sas pratiqués dans les digues de leurs moulins.

» cution M. de *Riquet* trouva qu'il valoit mieux éviter ces deux rivières,
» dont la navigation eft trop inégale & incertaine ».

« N° 28. Cependant les perfonnes peu inftruites & mal-intentionnées
« femoient des doutes fur les moyens employés par M. de *Riquet* : on pré-
» tendoit alors que l'on devoit fuivre la rivière de *Lers*, comme un canal
» fait par la nature, plutôt que de faire la dépenfe d'un canal nouveau dans
» des terres que l'on ne connoiffoit pas : mais M. *Froidour* répond à cette
» objection, en faifant voir toutes les difficultés qu'on auroit trouvées dans
» une femblable rivière : *elle coule dans une prairie qui eſt inondée dans*
» *les temps de pluie, & où l'on n'auroit pu avoir un chemin de tirage qui*
» *fût toujours libre & praticable : LES ÉCLUSES AUROIENT*
» *AUGMENTÉ L'INONDATION DES CAMPAGNES PAR LA*
» *RETENUE DES EAUX* »......

Il réfulte de ces réflexions, 1° que quoiqu'il eût été facile à M. de *Riquet*
de rendre ces rivières navigables, en les barrant par des digues, ou en pro-
fitant des éclufes de moulins, après les avoir accommodées à la navigation,
foit au moyen des pertuis ou avec des fas éclufés, il préféra néanmoins d'y
employer, à ce qu'on affure, « 17 millions qui, aujourd'hui en vaudroient
plus de 130 », afin de fouftraire la navigation aux inconvéniens & aux dangers que de pareils barrages entraînent. 2° Que fi, par cette raifon, M. de
Riquet a fi fort répugné de recourir à de tels moyens pour de petites rivières
fujettes à inondations, mais qui, faute de quantité fuffifante d'eau, dans leur
état ordinaire, ne pouvoient pas être rendues navigables fans cette reffource;
à combien plus forte raifon l'auroit-il rejetée à l'égard des rivières qui contiennent affez d'eau pour être fufceptibles de navigation par elles-mêmes,
telles que le *Doubs*, la *Saône*, la *Loire*, &c.

J'ai fait voir également dans les mêmes obfervations ci-devant, au fujet
du canal de *Loing*, que le fentiment de MM. de RÉGEMOTTE (fur la navigabilité des rivières, au moyen des digues avec pertuis ou éclufes) ne dif-
fère pas de celui de M. de *Riquet*. « Ce canal (dit M. de la Lande, N°. 446
» & fuivans), eft une prolongation de ceux de *Briare* & d'*Orléans*, à leur
» réunion avec la rivière de *Loing*, près de *Montargis*, laquelle fe jette
» dans la *Seine*, aux environs de *Moret*; mais, pour y defcendre, on éprou-
» voit des difficultés fréquentes dans les pertuis ou retenues d'eau de cette

» rivière, qui étoient au nombre de vingt-fix ; & chaque année plufieurs
» bateaux, en defcendant par ces fauts, y faifoient naufrage : cette rivière
» débordant avec impétuofité dans certains temps, faifoit perdre la route
» des bateaux & combloit les endroits qui avoient été fouillés & curés avec
» le plus de foin. D'un autre côté les meûniers remontant les fermetures des
» pertuis, pour avoir plus d'eau, rendoient en d'autres endroits les paffages
» plus difficiles, & fe faifoient payer plus cher le chômage de leurs moulins ;
» les marchands étoient obligés de prendre des bateliers du pays pour conduire
» leurs bateaux le long de cette rivière ; d'acheter de l'eau des meûniers....
» & de fe difputer avec chaleur la préférence du paffage..... Les plaintes
» devenant très-vives, toujours appuyées de faits propres à exciter l'atten-
» tion, on propofa à la fin de 1718, de faire communiquer l'extrémité du
» canal de *Briare* au canal *d'Orléans, ET DE CONTINUER CELUI-*
» *CI JUSQU'EN SEINE, EN CÔTOYANT LA RIVIÈRE DE*
» *LOING*..... A la vérité, ce canal y entre en plufieurs endroits ; mais ce
» n'eft, pour la plûpart, que lorfqu'il n'a pas été poffible de l'en féparer »....
» Ces parties de rivières s'appellent *racles* ; on a été obligé d'y ménager,
» aux points de féparation, des pertuis en déverfoirs, que l'on ouvre dans
» le *temps des crues :* on a alors l'attention de ne laiffer aucuns bateaux dans
» les *racles,* parce qu'ils courroient rifque d'être entraînés par la rapidité de
» l'eau, au travers des voies des pertuis, où ils feroient mis en pièces ».
Toutes ces circonftances indiquent affez combien il eft dangereux d'établir
la navigation dans des rivières par retenues, puifque M. *d'Orléans,* pro-
priétaire de ces canaux, a mieux aimé perdre les premières dépenfes qui
avoient été faites pour rendre cette rivière navigable, & s'engager dans les
frais d'un canal neuf collatéral. (*Voyez mes Obfervations fur le Mémoire*
de M. Bertrand, pag. 16 & 17, & ibidem *le Sentiment de* BÉLIDOR).

Ce que M. de la Lande dit, N° 406, de la navigation de la *Somme,*
n'eft pas moins frappant. « On n'a pu faire prefqu'aucun ufage du lit & du
» cours de la rivière, dont les détours font continuels : on a creufé le canal
» tantôt à côté & tantôt dans une partie des marais que forment fes vaftes
» épanchemens ». On fait en effet qu'ils font l'ouvrage des digues multipliées
que les étangs & les moulins oppofent au libre cours de cette rivière.

Et, N° 407, « l'Intendant de *Picardie* rendit compte en 1763, de la

» fituation des plaines que la *Somme* traverfe ; & ce récit eft digne de pitié,
» Il faudroit rendre à dix petites rivières qui viennent s'y jeter, la liberté
» de leur cours, & en tirer avantage, *en les refferrant dans un lit où leur*
» *furface fût toujours maintenue en encavée, au-deffous des campagnes,*
» *pour pouvoir les defsécher.* L'écoulement une fois libre, l'infection des
» eaux croupiffantes cefferoit, & l'on verroit fortir de deffous les eaux une
» vallée de 9000 toifes de longueur, fur 300 toifes de largeur réduite, ce
» qui donne environ 13,000 arpens d'un excellent terrein. Les négociants
» de *Saint-Quentin* ont préfenté des Mémoires en 1766, dans lefquels ils
» fe plaignent auffi du mauvais état de cette rivière, dont les eaux répan-
» dues dans les environs de leur ville, ont changé en marécages des plaines
» autrefois couvertes de beftiaux. Un Ingénieur (*) a préfenté en 1775 un
» projet de defséchement & de navigation ; mais il éprouve beaucoup d'op-
» pofition de la part de quelques feigneurs voifins, qui craignent pour leurs
» moulins & pour leurs étangs, beaucoup plus que pour la fanté & la vie
» de leurs payfans ».

Pour ne rien omettre de ce qui peut faire connoître les inconvéniens &
les dangers d'une pareille navigation, je vais en rapporter plufieurs exemples
extraits du même ouvrage, par la note ci-deffous 11, énoncée par erreur 21

(*) M. Chabaud de la Tour, *aujourd'hui Colonel & Directeur du Corps Royal*
du Génie.

11 — 21. « L'an 1572, dit *Scaliger*, le confeil privé du Roi députa des hommes experts,
» pour vifiter toutes les rivières du Royaume, & voir celles qui pouvoient porter bateaux :
» dont ces hommes, retournés de cette commiffion, déclarèrent au confeil beaucoup de
» rivières navigables qui auroient été toujours inutiles. C'eft pourquoi, par Arrêt du privé
» confeil, il fut ordonné que les éclufes de moulins feroient ouvertes, & tous autres em-
» péchemens ôtés. Quand ce vint à l'exécution, la journée de la St. Barthelemi rompit le
» cou à toutes ces entreprifes, & ainfi les rivières demeurèrent inutiles comme auparavant
» jufqu'à aujourd'hui ». *Scaliger*, p. 559.

Nº 252. « La *Vefle* & la *Reyffoufe* paffent près de *Bourg en Breffe*, capitale
» de la province, & vont fe rendre dans la *Saône* du côté de *Mâcon*. En réuniffant
» leurs eaux par une branche de canal, on pourroit rendre navigable l'une de ces deux
» rivières .... *Les moulins dont elles font couvertes, y occafionnent, comme*
» *dans la* PICARDIE, *des retenues d'eau qui inondent les vallons, produifent*
» *des marécages, au lieu de prairies, & forment des étangs, au lieu de terres*
» *fromentières* ».

dans mes Obfervations, page 17, lig. 30. On y lit à la fuite les dix conféquences qui réfultent de ces exemples & qu'il eft effentiel de relire atten-
tivement.

318. « Quoique la *Saône* ne foit pas regardée comme navigable depuis *Corre* juf-
» qu'auprès de *Gray*, le P. *La Grange*, Jéfuite, ayant la confiance du Roi *Staniflas*,
» affuroit..... qu'il étoit aifé de mettre cette rivière en état de fervir à une bonne navi-
» gation, en faifant quelques ouvrages à fon lit & *en changeant la forme des mou-*
» *lins qui y font établis* ». (C'eft-à-dire, en les faifant mouvoir autrement que par
une digue tranfverfale).

320. « Les inondations de la *Seille* dans le pays *Meffin*, ont occafionné des projets
» pour la navigation de cette rivière » : (or, on fait, & j'ai vu que ces inondations font
caufées par l'exhauffement fucceffif des radiers des différents moulins qui barrent fon lit).

333. « En 1763 il fut dreffé un procès-verbal de la navigation de la *Marne*, depuis
» *Charenton* jufqu'à *St.-Diçier*,..... il fe trouva 59 goulettes ou veftiges d'anciennes
» ufines & moulins ruinés à faire fauter, 21 pertuis à détruire, fept moulins à changer;
» pour éviter les malheurs de la navigation ».

347. Il paroît, par un manufcrit de la bibliothèque du Roi, de l'an 1301, volume
9418, pag. 88 v°, que *Philippe le Bel* avoit ordonné à *Guillaume de Nogaret* & à
» *Simon de Marchez*, de faire ôter les moulins empêchant la navigation de la *Seine* ».

350. On voit par le procès-verbal de M. *Le Gendre* du 28 août 1746, (dont toutes
les paroles méritent la plus grande attention) que « la *Seine* qui, (N° 354) a été navi-
» gable même au-deffus de *Bar*, a ceffé de l'être par les avaries arrivées aux différens ou-
» vrages qu'on a faits dans les onze canaux qui en ont été dérivés. Le canal de *Pont*, ajou-
» te-t-il, étoit en partie comblé; les deux portes arcboutées...... étoient ruinées & hors
» d'état de fervice: ce canal & ces deux portes n'avoient été faits que pour éviter un per-
» tuis dangereux d'une éclufe qui foutenoit les eaux, pour les porter fur les moulins & dans
» les foffés de la ville. *CETTE ÉCLUSE N'EXISTANT PLUS ET LA RIVIÈRE ÉTANT*
» *LIBRE, les portes & le canal étoient inutiles pour la navigation* ».

359. « En defcendant la *Seine*, vers *Paris*, on trouve une petite rivière, appelée la
» *Voulfie*..... On voit, près de *Provins*, des veftiges d'un ancien canal qu'on croit
» avoir été conftruit par les *Romains* : *il fervoit à l'ufage des moulins, afin que la*
» *navigation n'en fût point interrompue*. M. de VAUBAN, *au lieu de s'occuper*
» *à rendre la VOULSIE navigable* .... *crut devoir abandonner les ouvrages qui*
» *avoient été faits inutilement. Pour y parvenir, il propofa d'ouvrir un canal*
aligné par le plus court chemin » ...... (*N. B.*) Cette rivière n'eft point navigable par
elle-même.

361. « Il eft certain que la *Juine*, ou rivière d'*Étampes*, étoit navigable depuis 1543,
» jufqu'en 1676 ». (Elle ne l'eft plus depuis cette époque).

C

Elles indiquent, 1° que toute navigation établie par retenues, digues,
ou chauffées de moulins, avec pertuis, portières, ou éclufes, dans une rivière

---

407. On peut voir ci-devant le tableau des plaines de la *Somme*, & la prédilection
des feigneurs en faveur de leurs étangs & moulins, *fur la vie de leurs payfans.*

413. « M. le marquis de *Gouffier* avoit propofé en 1752, de rendre la rivière d'*Ancre*
» navigable..... L'abbé & les religieux de CORBIE, *dont il falloit détruire les mou-*
» *lins, s'y oppoferent, &c. ».*

426. « En fuivant l'*Efcaut*, depuis l'entrée du *foffé-ufinier*..... jufqu'à *Cambrai*,
» on voit qu'*il étoit obftrué par dix-huit moulins dont les feuils avoient été rele-*
» *vés, jufqu'à faire refluer les eaux dans les prairies ».*

Les Nᵒˢ 446 & fuivans regardent les inconvéniens, les abus & les dangers (ci-devant
détaillés) de la rivière de *Loing*.

449. Au fujet de la navigation de l'*Yonne*, M. le duc *d'Orléans* difoit dans un Mémoire contre M. *Amelot*.... « On y fait quelque navigation en defcendant, mais c'eft
» avec de très-grandes difficultés, parce qu'il y a treize pertuis qui ont 3 ou 4 pieds de
» chute, & qui font autant d'écueils : fi l'on vouloit faire des ouvrages, pour donner à la
» rivière une plus grande tenue d'eau, & pour rendre la navigation moins périlleufe, *ils*
» *feroient bientôt renverfés par les crues qui arrivent de temps en temps, & qui*
» *augmentent l'eau de 3 ou 4 pieds ».* (Que feroit-ce donc fi, comme au *Doubs* &
à la *Saône*, elles s'élevoient de 10 à 15 pieds)?

451. « La rivière d'*Epte* étoit autrefois navigable depuis *Gifors* jufqu'à la *Seine*. La
» *Mesle* & la rivière de *Dieppe* ou d'*Arques*, portoient bateaux à douze mille de leur
» embouchure ». (Il y a long-temps qu'il n'en eft plus queftion).

456. « Le *Loir*, la *Sarte* & la *Mayenne*, qui étoient navigables par le moyen *des*
» *portes marinières ou éclufes qui confervoient les eaux en remontant*, ayant eu
» befoin, ainfi que l'*Oudon*, de diverfes réparations, *on a élévé des chauffles (ou*
» *digues tranfverfales), ce qui endommage les héritages voifins & rend la naviga-*
» *tion plus difficile. Il faut un terme à tout, & l'intérêt des marchands doit être*
» *fubordonné aux loix de la phyfique ».*

458. « La *Mayenne* pourroit auffi être rendue navigable..... *La première conftruction*
» de vingt-deux portes marinières avoit eu fi peu de folidité, (ou l'effort des grandes
» eaux avoit été fi confidérable), qu'en 1714 on étoit fur le point de voir interrompre
» cette navigation : *on y fit alors quelques réparations ; mais cela n'a pas eu de*
» *fuite, »* (ou plutôt, on en a fenti l'inutilité).

462. « La *Rance* a été autrefois navigable, *& n'a prefque befoin que d'être défen-*
» *combrée, pour revenir à fon premier état ».*

469. « En général, toutes les provinces arrofées par la *Loire*, ont des rivières qui s'y
» jettent, *& qui ont ceffé d'être navigables ».*

qui eſt ſujette à de grandes crües; eſt néceſſairement très-difficile, & expoſe les mariniers à des dangers & à des naufrages fréquens. Voyez à la note

---

475. « Le *Cher* porte bateaux quelques lieues au-deſſous de *Vierʒon*, d'où, par le » moyen de la rivière d'*Evre*, on avoit prolongé la navigation juſqu'à *Bourges*. Les » éclufes & les portes marinières fubfiſtent encore. (N. B. *Et cependant cette naviga-* » *tion n'exiſte plus*). La rivière d'*Evre* eſt de bonne profondeur.…. & l'on pourroit » rétablir, à peu de frais, cette navigation *depuis long-temps abandonnée* ».

476. « L'*Auron* étoit autrefois navigable;.… ce n'eſt que vers 1690 qu'il a ceſſé » de l'être par les entrepriſes des riverains.… La rivière de *Theol* a 6 ou 7 pieds » d'eau dans les endroits les moins profonds; mais il faut l'élargir & *détruire ou chan-* » *ger* 12 *moulins*;.… enfin y conſtruire des *chauſſées* (ou levées collatérales) *qui* » *remédieroient aux débordemens de cette rivière* ».

478. « L'*Indre*, qui eſt dans une partie plus méridionale du *Berry*, pourroit devenir » très-utile, ſi elle étoit rendue navigable.… On a penſé que les mortalités fréquentes » des moutons que l'on éprouve dans le *Berry*,.… venoient des débordemens de l'*Indre* » *qui ſe comble peu à peu, qui gâte par ſon limon les meilleurs pâturages, &* » *qui auroit beſoin d'être nettoyé*, ainſi que les ruiſſeaux qui s'y jettent. *Les meû-* » *niers augmentent le mal* (ou plutôt en font la première cauſe); *& l'on remédieroit* » *à tout*, *en y établiſſant une navigation* ».

481 & 482. « Le *Clain* a été navigable ſous *Louis XI* & *Henri IV*. Cette naviga- » *tion, ſollicitée en* 1718 *par M. de Belleville, Ingénieur du Roi*.…. *fut enſuite* » *interceptée de nouveau par des moulins*: on diſputa beaucoup: M. *l'Evêque de* » *Poitiers en avoit trois dont il offroit de faire le ſacrifice pour le bien public;* » mais cet exemple (admirable de patriotiſme) ne fut pas ſuivi; & le *Clain* eſt reſté ſans » navigation ».

487. « On a voulu auſſi rendre navigable la rivière de *Lays*, *mais on y trouve beau-* » *coup de moulins* ».

488. « La *Charente* eſt de toutes les rivières qui ſont dans cette partie du Royaume, » la plus importante.…. On y ordonna des travaux ſous les règnes de *Henri IV*, de » *Louis XIII* & de *Louis XIV*. On s'en eſt occupé ſous celui de *Louis XV*; mais les » projets traités en grand, qui montoient à 7 ou 8 millions, effrayoient par la dépenſe. » *L'emcombrement de cette rivière étoit ſi conſidérable près d'Angoulême, que* » *les bateaux étoient obligés de reſter au fauxbourg de l'Houmeau*.… *encore ils* » *y arrivoient difficilement*.… On avoit ſouvent repréſenté que la *Charente* pouvoit « avec peu de dépenſe, être rendue navigable juſqu'à *Manle*.… Il ne s'agiſſoit que de » *nettoyer la rivière, n'y ayant ni pas, ni rochers, ni moulins dans cette partie* ». (*N. B.*) Feu M. le comte de *Broglie* m'a dit, que *les pertuis ingénieux qu'on a* *conſtruits en* 1777 *dans les autres parties, pour les rendre navigables, étoient*

ci-devant (11), les N°s 333, 350, 446, 449, 456, & Bélidor 1061.

2° Que les barrages & retenues occafionnent des débordemens qui convertiffent les meilleurs terreins en marais infects, ou de mauvais produit. V. N°s 252, 406, 407, 420, 456, 478, 544.

3° Que ces retenues, digues ou chauffées & leurs exhauffemens, produifent des encombremens, dépôts ou atterriffemens qui facilitent encore les inondations ci-deffus, & accélèrent les dégradations qui en font la fuite. V. N°s 320, 426, 446, 449, 478, 500, 544.

4° Qu'elles interceptent même par la fuite la navigation. V. N°s 333, 350, 361, 446, 449, 451, 456, 458, 462, 469, 475, 476, 481, 482, 488, 509, 514.

---

déjà dégradés ; les fas qu'on leur a fubftitués, ont produit des bas fonds QUI INTERCEPTENT la navigation.

497. « La Vezère feroit navigable par-tout dans les plus grandes eaux ; mais comme
» les crues ne durent pas affez, il faudroit encore *la foutenir & la refferrer par des*
» *digues (ou levées)*.

500. « La profondeur de l'*Isle* (en Périgord), étoit de 12 pieds.... de 6 ou 8 dans la
» plus grande partie; & fi cette profondeur ne fe trouvoit être que de 18 pouces à 2 pieds,
» *au-deffous de quelques moulins*, & dans quelques petites parties de la rivière, cela
» provenoit des graviers amaffés dans fon lit, *qui avoit trop de largeur dans certains*
» *endroits, & qu'il falloit refferrer par des digues* (ou levées), *POUR FIXER LE*
« *COURANT DES EAUX DANS UN CANAL PLUS ÉTROIT, & EN AUGMENTER*
» *PAR CONSÉQUENT LA PROFONDEUR* ».

509. « Un peu plus haut, à l'*Orient*, on trouve le *Tarn*, qui eft auffi un des affluens
» de la *Garonne*. Il feroit important de rétablir & de perfectionner fa navigation ».

514. « Les négocians de *Nérac* & des environs fe plaignoient beaucoup en 1769, du
» mauvais état des fix éclufes qui font fur la rivière de *Beze*..... *qui alloient bientôt*
» *rendre impoffible cette navigation* ». (Ouvrage fans doute des crues).

515. « Un arrêt du Confeil du 13 janvier 1733, renouvela les anciennes Ordonnances
» concernant la navigation de toutes les rivières navigables de la généralité d'*Auch* &
» du département de *Pau*. Cependant en 1741, la chambre du commerce de *Bayonne*
» fe plaignoit de ce que l'*Adour*, la *Midou*, la *Gave* & la *Nive étoient obftruées par*
» *des digues ou peffières pour les moulins*, » &c.

544. « Voyez les inconvéniens de la navigation des petites rivières, détaillés également
» dans les pages précédentes, par mes Obfervations fur les N°s 10, 11, 12 & 28 de
» M. de la *Lande* ».

5° Qu'elles obligent à établir fur le bord de ces rivières des levées, pour empêcher ces funestes effets. V. N°s 476, 497, 500.

6° Que le moyen d'y remédier efficacement, est de supprimer ces retenues, digues, chaussées, moulins, avec leurs pertuis ou éclufes, conformément aux Ordonnances. (Voyez préface, page XIV). V. aussi N°s 333, 347, 350, 413, 476, 525, & Bélidor, N° 1061, 2ᵉ partie.

7° Ou d'ouvrir le long de ces rivières & ruisseaux un canal collatéral, avec éclufes, ponts, aqueducs, &c., soit qu'il en fût absolument indépendant, ou qu'il y entrât dans quelques parties. N°s 11, 12, 28, 359, 406, 446 & fuivans.

8° A l'égard des rivières qui ont assez d'eau pour être navigables par elles-mêmes & sans le secours d'aucun art, il résulte également des exemples cités, que les entreprises des riverains par pilotis, éclufes, moulins, canaux de dérivation, & autres ouvrages dont on les embarrasse, y produisent des atterrissemens, des débordemens & des dégradations qui détruisent & interceptent la navigation. V. N°s 350, 462, 478, 488, 500. & 544.

9° Que dans ce cas il faut changer la forme des moulins, ou les déplacer, & les établir fur de petits canaux particuliers. N°s 313, 333, 359.

10° Et enfin, que pour y rétablir la navigation d'une manière solide & permanente, il faut supprimer tous les obstacles dont ces rivières peuvent être embarrassées; redresser leur lit où il fera nécessaire, & le resserrer dans un canal plus étroit, pour leur donner plus de profondeur & de chasse. V. N°s 350, 478, 497 & 500. On peut voir aussi le Mémoire de M. de Bory, de l'académie des sciences, fur les moyens de faciliter le recreusement de la *Seine*, en resserrant son lit.

Tels ont été les funestes effets de ces digues pernicieuses depuis le commencement de leur établissement dans les rivières : nous en serons convaincus, si nous suivons l'origine & les progrès de ces sortes de moulins; & nous verrons que le moment où ils s'en font emparés, est celui de l'anéantissement de la navigation, *sans qu'il ait été possible, depuis cette époque, de la concilier avec leurs digues d'une manière solide & permanente.*

L'origine des moulins-à-eau n'est pas bien connue; cependant l'*Encyclopédie*, au mot *moulin*, dit: « qu'il paroît par une épigramme de l'*Antologie* » *grecque*, que l'usage n'en a commencé que du temps d'*Auguste*. Jusques-là

» on s'étoit toujours fervi de moulins-à-bras. *Vitruve*, contemporain
» d'*Augufte*, fait la defcription des moulins-à-eau dans fon livre X^e ; &
» cette defcription peut fervir de commentaire à l'épigramme grecque ».

Il y a apparence que cette invention ne prévalut pas alors, puifque, fuivant *Ramirole*, *Bélifaire*, pendant le fiége de *Rome*, en *rétablit l'ufage*,
déjà connu du temps de *Pline*, qui en parle, liv. XVIIIe, chap. X^e : mais
quand on recourt à *Procope*, on voit qu'il n'étoit point queftion d'une éclufe
traverfant le *Tibre*, & que *Bélifaire* ne fit qu'imaginer une efpèce de digüe
pour établir des moulins, près d'une arche du pont fur ce fleuve. Peut-être
cette tentative a-t-elle donné lieu, par la fuite, aux eclufes tranfverfales
des rivières.

Quoi qu'il en foit, on voit par le trait fuivant qu'on fe fervoit commu-
némeut en *France* de moulins-à-bras, fous la première race de nos Rois (*).
« *Septiminie*, nourrice du prince, fils de *Childebert*, ayant été convaincue
» de plufieurs crimes, fut condamnée à être fuftigée, flétrie d'un fer chaud
» & réléguée dans un village, *pour y tourner toujours la meule d'un moulin*
» qui fervoit pour le pain des dames de la maifon royale (12) ».

Suivant Défaguliers, « on s'eft fervi jufqu'au VIe fiècle des bras des hommes,
» ou de la force des autres animaux, pour moudre le blé ; ce n'eft qu'alors que
» les moulins-à-eau ont été en ufage pour la première fois »…. (Cours de
Phyfique de Défaguliers, trad. de Pézénas, tom. 11, pag. 484).

Ce ne fut que dans le fiècle fuivant qu'on adopta en *France* les moulins-
à-eau : ils furent d'abord placés à la chute des étangs deftinés aux arrofages.
On voit par le recueil des Hiftoriens des *Gaules* & de la *France*, de D.
Bouquet, tom. IVe, qu'on fit en 632, fous le règne de *Dagobert* I, un ca-
pitulaire pour leur fûreté & celle de leur éclufe, c'eft-à-dire, de la digue
qui en retenoit les eaux. « *Si quelqu'un* (y eft-il dit) *rompt l'éclufe du*
» *moulin d'autrui*,…. qu'il foit condamné à DC deniers, qui font XV
» fous (13) ».

(*) Vers la fin du VIe fiècle.

(12) *Art du Meûnier*, par M. Malouin, 1767, in-fol.

(13) Tit. XXV, page 137. « *Si quis fclufam de farinario alieno ruperit*, DC
» den., qui faciunt foldi XV, cul. judicetur».

Et vers l'an 672 la XXXe loi du livre VIe de celle des *Wifigoths*, après avoir ftatué fur la peine de ceux qui brifent les moulins, ajoute : « Nous or-» donnons qu'on obferve les mêmes chofes à l'égard des étangs & fermetures » des eaux qui font aux environs des moulins (14) ».

Dans les formules du moine *Marculfe*, qui vivoit vers la fin du VIIe fiècle, c'eft ordinairement après le détail des étangs & de leurs cours d'eau, qu'il eft fait mention des moulins, *cum aquis, aquarumve decurfibus, farinariis*, &c.

Du pied de la digue des étangs, les moulins-à-eau s'avancèrent fur les ruiffeaux ; & peu après ils s'approchèrent des rivières, dont on dériva une partie, pour les faire tourner, par un canal particulier.

L'époque précife de leur établiffement dans les rivières de la *Franche-Comté*, eft abfolument ignorée. *Befançon* même, capitale de cette province, quoiqu'entouré de cinq moulins établis fur la partie du *Doubs* dont il eft enveloppé, n'en offre aucun indice certain : on fait feulement que le plus ancien des actes qui prouvent leur exiftence dans cette ville, ne remonte qu'au IXe fiècle : c'eft une fondation faite à l'églife métropolitaine, vers l'an 850, par *Thierri*, Archevêque de cette églife : elle eft affignée fur fon mou-lin de *Chammars*. Comme ce moulin a été anciennement placé fur un canal de dérivation, qui fubfifte encore aujourd'hui, il eft préfumable que dans ces premiers temps il n'avoit point de digue au travers de la rivière, &, par conféquent, qu'il ne pouvoit point intercepter la navigation du *Doubs*, qui, certainement, avoit lieu alors, puifqu'elle exiftoit encore environ un fiècle après, ainfi que nous l'avons prouvé par le diplome de *Louis d'Outremer*, donné en 941. (Voyez la note ci-devant cotée (8), portant exemption de droit fur la navigation du *Dow*). Ce n'eft donc qu'après la deftruction du commerce & la ceffation de la navigation, lors de l'invafion des *Huns* & des *Vendales*, que, noyé vraifemblablement par les éclufes voifines qui s'é-tablirent fur la rivière à cette époque, on l'a tranfporté à la tête de ce canal, & qu'on l'a muni d'une digue, comme les autres, dans l'emplacement où il eft actuellement, fous la dénomination de *Moulin l'Archevêque*.

---

(14) Legis Wifigothorum, lib VIII, regnante Chindafvindo, &c., Rege. XXX. « Si quis molina, &c..... eadem *& de ftagnis quæ funt circà molina con-* » *clufiones aquarum*, præcipimus cuftodiri »....
                                                              Dom. Bouquet, tom. IV.

Ces conjectures paroiffent être confirmées par un acte concernant le moulin au-deffous du canal de ce dernier : c'eft une donation de *Hugues I*, l'un des fucceffeurs de *Thierri*, par laquelle il abandonna au chapitre métropolitain, vers l'an 1041, le moulin dit de *Tarragnoz*, « fitué (y eft-il dit) au » pied de la montagne à l'occident, & à peu de diftance de l'églife du mo-» naftère dit *B. M. Juffani*, *lequel moulin n'étoit point établi fur bateaux,* » *mais fondé fur le rocher* (15) » : or, pour peu qu'on connoiffe le local, on conviendra qu'un moulin à eau, dans cette partie, ne pouvoit être mu qu'au moyen d'une éclufe ; ce qui en fuppofe l'établiffement très-près de la ceffation du commerce & de la navigation.

Quelques années après (1043) l'Archevêque *Hugues* donna le moulin de *St. Paul* à l'églife de ce nom qu'il venoit de fonder. La pofition de ce moulin eft fufceptible des mêmes réflexions que celui de *Tarragnoz*.

Quant aux autres moulins, celui de *Rivotte* fut donné au chapitre en 1161, du temps de *Louis VII*, dit le Jeune ; & la ville de *Befançon* n'acquit le fien qu'au commencement du XVe fiècle ; mais alors l'établiffement des moulins avec éclufes au travers des rivières étoit confommé, & depuis le XIe fiècle il en eft queftion dans les actes publics. Telle eft une donation (rapportée dans les preuves de l'Hiftoire des *Séquanois*, par *Dunod*) : *villæ quæ dicitur molendinum vadonis*, laquelle avoit été faite, vers 1090, par un Comte de *Bourgogne* à l'églife de *St. Etienne de Befançon* (16). Il eft remarquable que dans l'énumération ordinaire faite des biens donnés antérieurement à cette époque, il n'y foit fait aucune mention de moulins ; tandis que dans celle des actes fubféquens, ils y font rappelés lorfqu'il y a lieu.

Au refte, ce *molendinum vadonis*, (*moulin du gué*) femble annoncer déjà les premiers effets des éclufes ; elles occafionnent à leur chute des affouillemens dont les déblais forment au-deffous une barre guéable. Cet

---

(15) Ex donatione *Hugonis I*, versùs annum 1041.
.... Molendinum quoque unum intrà urbem noftram, fitum ad radicem videlicèt. montis, in parte *Occidentali*, haud longè ab ecclefiâ *B. M. Juffani* monafterii, *non navibus ftabilitum, fed suprà petram fundatum ;* de manibus fuprà nominati Clerici fufceptum, priori dono decrevi jungendum (molendinum in urbe quod eft *terragniolum*).
(16) Ex donatione *Willehelmi, Burgundionum* comis ad ecclefiam *Sti. Stephani.*
Voyez Dunod, Hift. du Comté de *Bourgogne*, tom. 2e, pag. 595.

exhauffement fur le fond de la rivière ayant diminué la capacité néceffaire à l'écoulement de fes eaux, la force, pour obtenir la même dépenfe, ou d'étendre fa largeur outre nature, ou de fe pratiquer des iffues fouterreines au-deffous de cet obftacle. Ce dernier cas arrive même en général toutes les fois que fa largeur naturelle étant reftreinte par des bords folides que le courant ne peut entamer, comme des rochers ou des quais de maçonnerie, cette largeur ne peut fuffire à l'évacuation des crues dont la rivière eft fufceptible: tel eft le gouffre que les grandes eaux du *Doubs* fe font pratiqué à Befançon, entre les abreuvoirs du *Saint-Efprit* & de *Bellevau*, lequel eft occafionné par l'étranglement de la rivière entre les quais, & par les obftacles que lui oppofent les éclufes inférieures des moulins de l'*Archevêque*, de *la Ville* & de *Tarragnoz*. Ces eaux foûterreines débouchent évidemment au creux *St.-Etienne*, au-delà de la digue de ce dernier moulin, qui fournit moins d'eau que ce creux n'en produit.

Lorfque la rivière barrée trouve un terrein facile à rompre, il eft clair qu'elle pourvoit à fon écoulement par une extenfion outrée de fa largeur, en corrodant fes bords lors des grandes eaux. Dans leur fureur, ces torrens impétueux, rejetés par l'obliquité des digues contre la rive oppofée, & continuellement réfléchis, après des incidences fucceffives contre l'un & l'autre bord, les fappent, les fouillent & les entraînent; & comme fi le paffage énorme qu'ils fe pratiquent alors dans la route que la nature leur avoit tracée, ne leur fuffifoit pas, les dépôts qu'ils y laiffent (des débris que ces différents chocs ont enlevés à leurs berges) les forcent à de nouvelles excurfions & prolongent leurs épanchemens dans les plaines adjacentes. La belle levée que les *Romains* ont établie fur la rive gauche du *Doubs*, & que l'on fuit encore depuis *Bluffan* jufqu'à *Dampierre-les-Montbéliard*, eft rongée par les eaux dans plufieurs endroits, & principalement aux environs des digues des moulins de *Chatelot* & de *Longevelle*: c'eft donc à ces éclufes fatales, en général, qu'il faut attribuer le défordre des rivières qui étoient navigables avant leur établiffement.

Ce n'eft pas à la navigation feule que ces digues ont été pernicieufes par l'obftacle direct qu'elles lui oppofent; on va voir combien elles font encore funeftes par les inondations qu'elles caufent, & les triftes effets qui en font la fuite. Nous avons fait voir au commencement de ce Mémoire, que *dans* tout fleuve bien dirigé les eaux qui y coulent, tendent naturellement à en approfondir le lit, (ou du moins à le maintenir dans sa profondeur naturelle, en empêchant qu'il ne s'y forme des dépôts), & que ces mêmes eaux produisent l'effet contraire, dès qu'on gêne leur écoulement. Le P. Frisi, professeur royal de mathématiques, à Milan, dans son Traité des rivières & des torrens, dit page 28: « Il est très-vrai que dans les lieux où le lit des » rivières est interrompu par des rochers ou autres empêchemens semblables, » ou traversé par quelqu'écluse, digue ou cataracte, tout le fond de la rivière » se réhausse davantage; parce que, comme l'observe très-bien Guglielmini » dans le chapitre XII, cette digue une fois bâtie, refusant le passage à » l'eau & retardant son cours, elle facilitera les dépôts des pierres & des » graviers..... Nous en avons, continue-t-il, un célèbre exemple dans » Florence, où l'Arno, qui passe au milieu de cette ville, est renfermé entre » les deux digues de St.-Nicolas & de Toussaints, & dont le fond va finir » sur la sommité de cette dernière ». Or, puisque l'expérience de tous les temps & de tous les lieux, ainsi que les loix de la nature, démontrent que le fond du lit d'une rivière se relèveroit par la suite à la hauteur du sommet de l'écluse dont elle est barrée (ce que la nécessité des exhaussemens successifs de ces écluses indique évidemment), il est certain que les dépôts, en diminuant sans cesse la capacité de son lit, doivent tellement s'y accumuler & le remplir, qu'elle deviendra toujours de plus en plus sujette aux débordemens, lors des grandes eaux : & c'est ce qui est arrivé à la rivière du Doubs, où, depuis près de huit siècles qu'elle est traversée par des digues de moulins, le fond de son lit s'est considérablement relevé.

Il y en a à Besançon des preuves incontestables : une brèche que les grandes eaux avoient faite dans l'écluse du moulin de Rivotte, a mis à découvert, au pied de la Porte-taillée, sur le bord du Doubs, un chemin où la voie des voitures qui y ont passé anciennement est encore imprimée dans le roc; preuve bien convaincante de l'infériorité de la rivière dans cette partie, avant l'établissement de cette écluse & de l'exhaussement du fond de son lit depuis cette époque.

Le Pont-de-pierre servant à la communication de Battant avec l'ancienne Cité, a été bâti par les Romains sur un banc de rochers qui formoit le fond de son lit primitif, & qui, suivant une ancienne tradition du pays, exiſtoit dans preſque tout ſon cours. Le rétréciſſement du *Doubs* dans cette partie par le reſſerrement des quais collatéraux & des maiſons oppoſées, qui maſquoient preſqu'en entier les deux arches des extrémités de ce pont, force les grandes eaux d'en emporter les dépôts, & les ſondes alors y retrouvent à nu le fond de ce lit primitif qu'on ne peut méconnoître, puiſqu'il correſpond au pavé des bains que les *Romains* avoient conſtruits jadis dans les environs : or ces deux repaires indiquent (ſur l'ancien fond dans les autres parties du lit de la rivière) des atterriſſemens de 8 à 9 pieds d'épaiſſeur qui en forment le fond actuel. La preuve en eſt claire : l'écluſe du moulin *l'Archevêque*, qui eſt un peu plus bas que ce pont, n'y retient jamais moins de 14 pieds d'eau : cette écluſe, ainſi que toutes les autres, a environ 5 pieds de chute ſur le fond actuel ; donc ce fond eſt d'environ neuf pieds plus élevé que l'ancien : « *auſſi des inondations, qui faiſoient époque dans les temps reculés, ſe renouvellent à préſent tous les ans, & ſouvent ſe répètent pluſieurs fois dans la même année* ».

Des cinq moulins qui entourent l'ancienne cité de *Beſançon*, (ſavoir, les moulins dits de *Tarragnoz*, de *la Ville*, de *l'Archevêque*, de *St. Paul* & de *Rivotte*), le 1er, le 4e & le 5e étoient ci-devant poſſédés par le chapitre métropolitain ; le 2e & le 3e par ceux dont ils portent le nom. « Les exhauſſemens ſucceſſifs qu'on a donnés à ces écluſes, ſuivant un ancien Mémoire des officiers municipaux de cette ville, ... ont néceſſairement cauſé des débordemens dont les eaux ſe ſont répandues ſur des places où l'on n'en avoit point encore vu ; elles ont pénétré au rez-de-chauſſée des caſernes qui y ſont bâties, & de quantité de maiſons qui avoiſinent la rivière ; elles ont rempli les caves & endommagé les marchandiſes, ainſi que le vin, qui y étoient dépoſés ; (elles ont corrompu les fondations des édifices & ont même entraîné une partie du terrein ſur lequel elles étoient appuyées) ; elles ont couvert une multitude d'héritages qui ſont devenus infructueux pour les poſſeſſeurs ; elles ont détruit ou rendu inutiles des chemins pratiqués juſqu'alors ; & la déſolation portée à ſon comble a juſtement excité les réclamations des citoyens ». Tel eſt le tableau qu'une enquête de 110 témoins a préſenté de la plûpart des effets déſaſtreux que les exhauſſemens de ces digues ont cauſé : les autres m'ont été affirmés par un magistrat respectable ; & telle est l'idée que le Parlement en a donné dans ses remontrances du mois de juin 1765.

Une affaire de cette nature tient en effet à la chose publique. L'ancien Parlement de la province avoit fait en conséquence des sages réglemens à ce sujet, & depuis la réunion de la *Franche-Comté* à l'ancien domaine de la Couronne, elle est gouvernée par les mêmes loix que le reste du Royame : or, « les ordonnances des Eaux & Forêts de mai 1413, de février 1415,
» de mai 1520, d'octobre 1570, de décembre 1577 & de février 1583,
» défendent expressément de faire sur les rivières aucuns édifices, moulins,
» pêcheries, vannes, gords, &c., sous peine d'amende & de démolition de
» ces travaux ». Mais à quoi servent les loix, quand elles sont sans activité ; si ce n'est à compromettre l'autorité du prince ?

Les officiers municipaux de *Besançon*, excités par les plaintes des habitans, s'étoient pourvus dès 1758 à la Maîtrise des Eaux & Forêts contre les possesseurs des autres moulins, pour faire procéder au nivellement de ces digues, & les faire réduire à une hauteur telle qu'il n'y eût aucun inconvénient de ce genre à craindre. Il résulte du procès-verbal de descente & des Mémoires auxquels ces contestations ont donné lieu, « que les cinq moulins (qui n'a-
» voient été originairement établis que pour la mouture du blé) sont em-
» ployés aujourd'hui à des usines multipliées ».

Les reconnoissances qui ont été faites en 1773, 1774 & 1775, ne laissent rien à désirer sur la preuve des exhaussemens que ces usines ont occasionnés : on a vérifié que « l'écluse du moulin de *Rivotte*, qui est la plus haute des
» cinq, a été relevée de trois grillages successifs qui ont exhaussé la surface
» des eaux de plus de trois pieds (17), & au moyen desquels on est parvenu
» à tripler les usines de ce moulin & son produit ».

» Le Chapitre métropolitain qui avoit trouvé son avantage dans l'élé-
» vation de la digue du moulin de *Rivotte*, ne tarda pas à tirer la même
» utilité du moulin de *Tarragnoz*, en élevant aussi l'écluse de ce moulin,
» le plus à l'*aval* de la rivière ; ce qui a nécessité l'exhaussement des écluses

––

(17) Il est présumable que si on eût fouillé jusqu'à l'ancien fond, ou l'eût trouvé surmonté de 8 ou 9 exhaussemens.

» des moulins intermédiaires de *la Ville*, de *l'Archevêque* & de *Saint-*
» *Paul* ».

Ces divers exhauffemens font conftatés par le procès-verbal de defcente:
ils font tels que « L'AVANT-BEC DE L'ÉCLUSE *de Rivotte* ÉTOIT DE 9
» PIEDS 10 POUCES 9 LIGNES PLUS ÉLEVÉ QUE LA SUPERFICIE DU
» TERREIN *de la rue Neuve*, *près la chapelle des Dames de Chammars* »...
En réhauffant ces éclufes, on a forcé la rivière de prendre une hauteur relative à leur élévation : le procès-verbal attefte que le géomètre a trouvé 24
pieds 8 pouces de pente depuis la *Malathe* jufqu'aux isles *Malpas*, (c'eft-
à-dire, plus de 8 pieds par 1000 toifes) les vannes & les portières fermées;
& 15 pieds 9 pouces étant ouvertes, (ou 5 pieds 3 pouces pour cette même
diftance). On fait que LA SEINE N'EN A QU'UN.

L'obftacle que ces éclufes apportent à l'écoulement des eaux, les a con-
traint de chercher à s'échapper par leurs extrémités. L'ouverture des vannes
& décharges ne fuffifant pas à l'évacuation des grandes eaux, elles agiffent
à l'extrémité oppofée, fur fon enracinement dans le terrein ; de-là, la né-
ceffité de ralonger ces éclufes, la monftrueufe largeur que cette extenfion
occafionne au lit de la rivière, les atterriffemens, les dépôts, &c.

On voit par ces détails combien ces éclufes font préjudiciables, par les
ravages qu'elles caufent. Leur rabaiffement n'y remédieroit que pour un
temps, puifque continuant d'occafionner des dépôts, & le fond de la rivière
s'approchant de plus en plus de leur fommet, il faudra néceffairement
l'exhauffer de nouveau, jufqu'à ce que, parvenus au niveau du terrein, la
rivière fera enfin obligée de fe répandre de tous côtés & de fe creufer
un nouveau lit : il y a même lieu de croire que ce terme n'eft pas bien éloigné, puifque dans l'état des chofes, le fommet de l'éclufe de Rivotte eft plus
élevé que la rue Neuve, & peu au-deffous de la furface des prés de Vaux.
Malgré les précautions que l'on prend pour renforcer la rive droite de la
rivière au-deffus, elle s'eft déjà ouvert, dans les grandes eaux, une iffue
entre la portière & le chemin au pied de la montagne de *Bregille*, qu'on a
arrangée comme on a pu. J'avoue que la proximité de cette montagne doit
raffurer à cet égard, & qu'on aura toujours la reffource d'y appuyer l'extrémité de l'éclufe; mais la plaine en *amont*, entre cette éclufe & le village
de *Chalezeule*, étant déjà imbibée & couverte de flaques d'eau, aux moindres

crues, cet intervalle (qui eſt d'une grande lieue) n'offriroit plus à la vue
qu'un vaſte étang, aux irruptions duquel toute la ville feroit foumife, *excepté*
le quartier du Chapitre qui la domine (18).

Quant à la navigation, elle ne gagneroit certainement rien au rabaiſſement de ces éclufes: premièrement, les paſſages ou portières qu'on y a pra-
tiquées, relativement au tranfport des bois de marine, ne peuvent fervir que
dans le temps des crues de la rivière, pour defcendre feulement, & jamais
pour remonter. Comme ce tranfport fe fait par radeaux qui tirent peu d'eau,
& que néanmoins il faut attendre des eaux moyennement grandes pour pouvoir franchir ces paſſages, (ce qui en outre ne fe fait jamais fans danger),
on peut juger combien ces moyens de navigation font impraticables , &,
à coup fûr, le rabaiſſement des *éclufes* (ne rabaiſſant point le fond du lit)
les rendroit encore pires.

En fecond lieu, les pertuis, vannages, paſſelis, *petites éclufes de 3 à 4*
pieds de chute, & tout ce que l'art peut imaginer de plus ingénieux, n'y
ferviroient pas davantage; puifque le barrage n'en fubfiftant pas moins, aucun de ces moyens n'empêcheroit la progreſſion des dépôts, qui arriveroit
tout auſſi-tôt au terme qui doit néceſſiter l'exhauſſement des digues, pour
pouvoir fournir de l'eau aux moulins qui en dépendent. *Cependant on a vu*
dans mes Obfervations fur le Mémoire de M. *Bertrand*, pag. 16, que bien
loin de vouloir les fupprimer ni les rabaiſſer, on dit que cet Ingénieur
demande le réhauſſement de quelques-unes & l'établiſſement de quelques
autres de plus, dans les endroits où il les jugera néceſſaires.

La partie inférieure du *Doubs* ne mérite pas moins d'attention que celles
dont nous venons de parler. J'ai avancé (d'après les conféquences réfultantes
des faits rapportés par M. de la *Lande*, dans fon ouvrage fur les canaux de
navigation, Nos 350, 478, 497 & 500), que « pour rétablir la navigation
» dans les rivières qui ont aſſez d'eau pour être navigables par elles-mêmes,
» il faut fupprimer tous les obſtacles dont ces rivières peuvent être embar-

---

(18) C'eſt vraifemblablement pour prévenir ce malheur & garantir en même temps
cette éclufe, que l'on a revêtu & pavé en pierres de taille, l'ouverture dont il s'agit; mais
comme elle a peu de capacité, & que les grandes eaux en ont déjà fillonné les avenues,
ces événemens ne font peut-être que reculés.

» raffées ; redreffer leur lit où il fera néceffaire, & le refferrer dans un canal
» plus étroit, afin de leur donner plus de profondeur & d'activité ». Or
.tel eſt le cas de cette partie du *Doubs*. On a vu dans mes Obſervations
ci-devant, pag. 8, par les efforts que l'on a faits pour en rétablir la navigation
depuis l'embouchure du *Doubs* juſqu'à *Dole*, par leurs premiers ſuccès &
par leur cataſtrophe même, *combien ces meſures ſont indiſpenſables*, puiſque l'écroulement du ſas de l'écluſe de *Criſſey*, par l'impétuoſité des grandes
eaux, la ſuppreſſion des ſoins des riverains de la partie inférieure du *Doubs*,
qui en fut la ſuite, & les embarras qui y ſurvinrent en conféquence, rame-
nèrent la perte de la navigation.

Il ne falloit pas tant d'obſtacles réunis pour conduire à ce réſultat. Pour
peu qu'on réfléchiſſe aux circonſtances du terrein que le *Doubs* parcourt,
on conviendra qu'ils étoient *inévitables* par la fauſſeté & la mal-adreſſe des
vues & des meſures priſes à ce ſujet. Examinons ces circonſtances.

Le *Doubs* prend ſa ſource dans les hautes montagnes qui féparent la *Franche-Comté* du canton de *Berne*. Après s'être approchée par un cours bizarre
& comme *incertain*, des environs de *Montbéliard*, cette rivière ſe replie parallèlement à ſa première direction, paſſe à l'*Iſle* & *Clerval*, s'approche de
Baume, traverſe *Beſançon*, & coule ſous les murs de la ville de *Dole* ; d'où
elle va à *Verdun*, dans le ci-devant duché de *Bourgogne*, confluer avec
la *Saône*.

Dès ſa ſource juſqu'à *Dole*, le *Doubs* marche entre des rochers, des
montagnes & des hauteurs conſidérables : il reçoit à environ deux lieues au-
deſſous de cette ville, la *Loue* qui eſt dans le même cas. Les pluies & la
fonte des neiges entraînent une grande quantité de pierres, de cailloux &
de graviers, de ſables & de terre dans ces deux rivières & principalement
dans la dernière. Tant qu'elles ſont contenues par des bords ſolides, elles s'y
encaiſſent, elles y marchent avec rapidité & charient ces matières avec leurs
eaux ; mais dès qu'une pente moindre ou que quelqu'obſtacle vient à ralentir
leur vîteſſe, lorſqu'un vallon plus ſpacieux & un terrein plus facile à rompre
leur permet de s'étendre en largeur, elles y dépoſent ces matières, de façon
que les plus volumineuſes & les plus peſantes s'arrêtent ordinairement dans
les parties ſupérieures de leur cours, & qu'elles portent proportionnellement
toujours plus loin celles qui le ſont moins.

L'intervalle, depuis une demi-lieue au-deſſus de l'embouchure de la *Loue* dans le *Doubs*, juſqu'à environ trois lieues au-deſſus de l'entrée du *Doubs* dans la *Saône*, eſt rempli de ces derniers dépôts, qu'on appelle *Gravières*. Ces monceaux de ſables & de cailloux ayant rempli le lit ordinaire de ces rivières réunies, les ont obligées de s'ouvrir de nouveaux lits, qui peu-à-peu ont éprouvé les mêmes inconvéniens : de-là l'incertitude de ces mêmes lits & les dégâts continuels qui arrivent aux héritages, & qui expoſent à une deſtruction prochaine pluſieurs des villages riverains dont les habitans, à la vérité, cherchent à ſe garantir, mais par des diſpoſitions mal combinées, ſans aucun enſemble, & qui au contraire ſe détruiſent mutuellement. Déjà pluſieurs de ces villages ſont menacés, & quelques-uns même ſont entamés; tels que Peſeux, Fretterans & Lays. Comme tout ce terrein eſt le dépôt des ſables de la plûpart des rivières & ruiſſeaux de la province ; que ces ſables ne s'enlèvent point, & qu'au contraire le ralentiſſement de ces rivières eſt tel aujourd'hui, qu'ils s'y accumulent néceſſairement, la chute de la navigation étoit inévitable; & on doit même préſumer, que, ſi l'on n'y remédie pas promptement, le mal ne peut qu'augmenter & détruire à la fin la partie de la contrée, & peut-être de tout le royaume la plus fertile & la plus peuplée.

Les isles & ſinuoſités que les ſables & gravières occaſionnent dans la partie inférieure du *Doubs*, indiquoient la difficulté de rétablir la navigation par le lit ordinaire de cette rivière ; &, en effet, on ſent aiſément que pour la rendre navigable dans cette partie, il faut la réunir & la reſſerrer ſolidement en un ſeul lit dans toute l'étendue où elle s'eſt diviſée en pluſieurs bras, c'eſt-à-dire, ſur un développement d'environ cinq ou ſix lieues : le ſurplus de l'intervalle juſqu'à l'embouchure du *Doubs*, étant un terrein ferme, il ne s'y eſt jamais partagé (19).

_____

(19) Comme les côteaux de part & d'autre du *Doubs*, ſe rapprochent conſidérablement dans cette partie, & que la communication y ſeroit plus ſolidement établie qu'à *Navilly*, dont les avenues, du côté de la rive droite, ſont marécageuſes & moins directes; il y a apparence que ce ſont ces raiſons qui avoient engagé les *Romains* à y jeter de préférence, près de *Ponthoux*, un pont dont on voit encore des veſtiges à environ dix-huit cents toiſes au-deſſous du bac de *Navilly*.

Nous avons vu (page 9 de mes Obſervations), que ces difficultés occa
ſionnèrent en 1719 des recherches pour un canal de dérivation, du *Doubs*.

Suivant M. de la *Lande* (N° 282), «on a reconnu par un puits de 40 pieds de profon
» deur, fait auprès de Pouilly, en 1752, que le terrein à fouiller au point de partage,
» eſt une eſpèce de ſchiſte ou d'ardoiſe qui n'eſt pas encore formée: ſes couches ſont ho
» rizontales & pleines de fils en tous ſens. Cette terre eſt géliſſe & fondante à la pluie
» comme la terre glaiſe ; ainſi il ne ſeroit pas prudent d'ouvrir ce terrein juſqu'à 81
» pieds de profondeur, comme l'avoit propoſé M. Abeille, quoique cela fût d'ailleurs très-
» utile : il faudroit réduire cette fouille à environ 40 à 50 pieds : mais cela ne pourra être
» bien décidé qu'après que la fouille aura été faite ſur cette première profondeur...... &
» qu'on aura ouvert des puits dans le ſurplus des 81 pieds, pour bien connoître le ter
» rein ». Or, la qualité de ce ſurplus de terrein, quelle qu'elle fut, ne rendra pas meilleure celle du deſſus, qui paroît impraticable pour un point de partage, ſans des dépenſes
exceſſives.

« Les rigoles à faire, continue-t-il, pour conduire l'eau des ſources au point de partage,
» doivent avoir 6 pouces & plus de pente par 100 toiſes, ſuivant M. Abeille : mais il ſuf
» fira de leur donner le tiers de cette pente, ce qui facilitera le moyen de faire arriver
» ces rigoles beaucoup plus haut, en cas que l'on ſe trouve obligé d'élever le point de par
» tage. On verra dans la ſuite que la pente des rigoles du canal de Briare & de celui d'Or
» léans, n'eſt pas plus conſidérable ».

C'eſt une triſte reſſource, ſans doute, que la facilité de faire arriver ces rigoles beaucoup
plus haut, avec la pente de celles des canaux de *Briare* & d'*Orléans*. La pente de la
rigole de St.-Privé (N° 439) eſt environ 12 fois moindre que celle de M. *Abeille*. Auſſi;
aſſure-t-on (N° 440) que « la navigation du canal de *Briare* ſe trouve retardée en été,
» faute d'eau ; & que depuis la Pentecôte juſqu'à la Touſſaint, on ne compte preſque plus
» ſur cette navigation ». La rigole de *Courpalet* (N° 442) n'arrive au canal d'*Orléans*
que par une pente plus de deux fois moindre que celle de St.-Privé ; ou 26 fois plus
petite que celle propoſée par M. *Abeille* : on ſent quelle largeur énorme il faudroit donner
à ces rigoles, pour qu'elles puiſſent fournir la même quantité d'eau qu'auroit donnée cette
dernière ; conſéquemment la grande dépenſe qu'il faudroit pour l'aſſeoir ſur le penchant
des côteaux qu'elle doit développer, & la grande évaporation qui s'en ſuivroit.

Les inconvéniens qui s'oppoſent à l'exécution de cette jonction, ne ſe bornent pas au
point de partage : « d'un côté le pas de *Crugey*, les environs du moulin *Bruard*, les prai
» ries inondées de la *Saône*, *les bas-fonds de cette rivière juſqu'à l'embouchure*
» *du Doubs*, qui en rendent pendant quatre mois la navigation tout auſſi dif
» ficile que celle de l'*Yonne* & de la *Seine* ; de l'autre côté du point de partage les
cavités qui ſe rencontrent dans le vallon, pour paſſer de celui de l'*Armançon* à celui de
la *Brenne*, dont le ſol, dit-on, eſt rempli de rochers creux, à très-peu de profondeur,

E

à la *Saône*, entre *Dole* & *St. Jean-de-Losne*, & que j'en trouvai un emplacement en 1753. J'avoue que cette découverte me séduisit, parce que « le
» débouché de ce canal dans la *Saône*, étant placé en face de l'embouchure
» de l'*Ouche*, qui devoit servir à la jonction de la *Saône* à la *Seine*, par le
» *Duché de Bourgogne*, la jonction du *Rhône* au *Rhin*, par le moyen de
» la rivière du *Doubs* (que je proposois également), auroit ouvert une
» communication navigable entre *Strasbourg*, *Lyon* & *Paris*, & que la
» *Franche-Comté* (qui se trouve dans le carrefour que formeroient ces
» différentes jonctions), seroit, pour ainsi dire, le point de réunion & l'en-
» trepôt de leur commerce » : mais j'ai dit par le Mémoire que je présentai
à M. l'abbé Terrai, au commencement de 1774, (c'est-à-dire peu après
que M. Bertin eut autorisé M. de Lacoré à faire examiner par M. Bertrand
celui par lequel je proposois le canal de dérivation dont il s'agit) que,
« en considérant l'ensemble des communications dont le projet de la jonc-
» tion du *RHÔNE* au *RHIN* est susceptible, il vaudroit mieux, quoi

---

qui occasionneroient des pertes d'eau qu'un point de partage aussi peu nourri que celui de
Pouilly ne pourroit jamais remplacer; & (N° 286) « le terrein entre Tonnerre & l'Yonne,
» sur 15 mille de longueur, est composé d'un ou deux pieds, au plus, de terre légère,
» en partie pierreuse; ensuite d'un banc de gros gravier & de gallets ou pierres roulées,
» calcaires de 4, 5 & 6 pieds d'épaisseur, lequel se trouve dans la longueur de 15 mille,
» déposé sur une espèce d'ardoise pourrie & glaiseuse, qui pourroit être à peu près de même
» nature que le terrein du seuil de *Pouilly* ». Au surplus, il y a des endroits de ce canal
où les terres foirent de façon à combler toutes les excavations; ce qui obligera vraisemblablement de se servir du lit de l'*Armançon*, de barrer ce lit, s'il ne fournit point assez
d'eau, sans cette ressource, & de courir les risques des ravages qui, à coup sûr, en résul-
teroient, si cette rivière est sujette à de grandes crues.

Enfin ces difficultés sont telles, que (N° 295) (le projet du canal entier n'étoit pas
encore absolument terminé), « les circonstances locales pourront faire prendre la rive
» droite ou la rive gauche; faire élever ou enterrer plus ou moins le canal, & changer
» peut-être le point de partage qu'on a choisi » : de sorte qu'il paroît qu'on travailloit
alors au jour la journée, sans avoir aucune estimation arrêtée, & sans savoir à quoi pourra
monter la dépense de cette jonction incertaine. Si elle doit avoir un terme, les jours du
vieux *Nestor* ne suffiroient pas pour en voir la fin; & la manière d'en employer les fonds
n'est point propre à l'accélérer: cependant le principal mérite de ces sortes d'ouvrages seroit
d'en faire jouir promptement le public; jusques-là les dépenses qu'on y fait, sont des fonds
morts.

» qu'il en coûtât, réparer la partie inférieure du DOUBS, pour y ré-
» tablir la navigation, ainsi qu'elle y avoit eu lieu dès les temps les plus
» reculés jusqu'au Xe siècle & au commencement de celui-ci ». Voici les
raisons qui m'y déterminèrent.

Lorsque je proposai ce canal de dérivation en 1753, j'ignorois les difficultés presqu'insurmontables que la jonction ci-dessus de la *Saône* à la *Seine*
paroît renfermer.

A cette époque de 1753, il n'étoit point question de la jonction de la
Saône à la *Loire* par le *Charollois*; ce ne fut qu'en 1774 que MM. de
Bramion la sollicitèrent. Elle devoit se faire par le moyen de la *Dehune*,
qui, ainsi que le *Doubs*, a son embouchure dans la *Saône* à *Verdun*. A la
vérité, l'entrée de ce canal est transportée à *Châlon*; mais il y a apparence
que, dès que la jonction du *Doubs* au *Rhin* aura été décidée, les Départemens intéressés ouvriront une seconde branche le long de la *Dehune*, qui
ira rejoindre la première à *Chagni*.

Malgré des raisons aussi pressantes, M. *Bertrand* fit paroître son « Projet
» d'un canal de navigation pour joindre le *Doubs* à la *Saône*, imprimé à
» *Besançon* en 1777 », c'est-à-dire quatre ans après avoir été chargé de
vérifier le mien, ainsi que nous venons de le voir. Je n'entreprendrai point
de relever ici toutes les erreurs qu'il y a dans cette production, parce que
la discussion en seroit trop longue; mais, attendu que cet imprimé est appuyé
sur des suppositions contraires aux faits, & que les résultats en seroient
très-préjudiciables & au pays & au commerce, l'amour de la vérité & mon
patriotisme s'opposent également au silence que je voudrois garder à ce sujet.

1° Dès le début, M. *Bertrand* avance « qu'il ne pourra jamais y avoir
» sur le *Doubs* une navigation proprement dite, tant que subsisteront les
» obstacles qui se trouvent dans sa partie inférieure & qui s'opposent à
» toute communication avec la *Saône* »; & il ajoute (pag. 4 & 5), « qu'il
» a été reconnu & vérifié depuis long-temps, que toute la partie du *Doubs*
» qui est au-dessous de *Dole*, ne peut recevoir ni profondeur suffisante, ni
» lits, ni bords assurés; qu'il faudroit où la contenir entre des jetées con-
» tinues & fort dispendieuses, ou lui creuser dans les sables, & d'un bout
» à l'autre, un canal latéral & particulier qui ne seroit jamais à l'abri des
» caprices & des ravages de cette rivière ».

st. Je le croyois ainsi moi-même en 1758; mais 1° nous avons vu (par mes Obſervations ſur le Mémoire de M. B., pag. 9), que l'intendance de *Beſançon* penſoit en 1766, que « de *Criſſey* à *Verdun*, le *Doubs* contient » aſſez d'eau pour être navigable à peu près en tout temps ». 2° Le ſieur *Grandmont* offroit alors de le rendre tel depuis *Beſançon* juſqu'à la *Saône*, moyennant 500,000^{tt}, tandis que l'eſtimation de M. Bertrand, pour trois lieues & demie ſeulement, monte à 729,000^{tt} (ſomme qu'un des hommes les plus experts du royaume eſtime devoir être doublée au moins), *non compriſes en outre les dépenſes à faire pour rendre la Saône navigable dès Saint-Jean-de-Loſne à Verdun.* 3° A en juger par les embarras dont cette partie de la *Saône* eſt remplie (ſuivant l'auteur, ci-devant cité, de la *navigation de Bourgogne*), ces dépenſes équivaudroient celles de la partie du *Doubs* dont il s'agit, & alors il y auroit de plus celle du canal de déri-vation du *Doubs* à la *Saône.* 4° Que l'on rende au *Doubs* & à la *Loue* la vîteſſe que les digues multipliées que l'on y a établies depuis le Xe ſiècle, leur ont enlevée, alors ces rivières recouvreront la quantité de mouve-ment néceſſaire pour enlever leurs dépôts; alors la *Loue* deviendra navi-gable juſqu'au *port de Leſney*, où l'on voit encore des veſtiges de la navi-gation que les *ROMAINS* y ont exercée, (*LAQUELLE NE PEUT AVOIR EU LIEU, SANS QUE LE DOUBS INFÉRIEUR N'AIT ÉTÉ LUI-MÊME NAVIGABLE*) ainſi que des traces des routes qui y aboutiſſoient pour la diſtribution des marchandiſes; alors la navigation qu'ils avoient ouverte ſur le *Doubs* ſupérieur, s'élèvera juſqu'au *pont de Roide*, c'eſt-à-dire, *fort au-delà de l'entrée du canal de jonc-tion que je propoſe du DOUBS au RHIN.* 5° Enfin, ſans recourir à des temps ſi reculés, on a vu, au commencement de ce ſiècle, que le travail combiné des riverains de la partie inférieure du *Doubs* avoit ſuffi pour l'y rétablir; & il eſt préſumable qu'elle s'y feroit maintenue, ſi la ſuppreſſion des écluſes lui avoit rendu ſa vîteſſe naturelle. Il ne faudroit vraiſembla-blement, pour y parvenir encore, qu'employer, d'après un plan général bien concerté, les mêmes dépenſes que les riverains y ont prodiguées avec auſſi peu de ſuccès que de diſcernement, depuis la rechuté de la navigation.

Et qu'on ne ſe perſuade pas, comme M. B. l'avance, qu'il fallût y tra-vailler à ſi grands frais ſur 12 grandes lieues de cours, depuis *Dole* juſqu'à

Verdun, & moins encore le revêtir fur cette étendue de jetées continues, ou lui creufer dans les fables, d'un bout à l'autre, un canal latéral! La carte de *Caffini* & les mariniers les plus pratiques de cette partie affurent que cette navigation n'a de difficulté que depuis les environs de l'embouchure de la Loue jufqu'à *Navilly*, qui n'en eft éloigné que de cinq ou fix lieues : or, pour peu qu'on connoiffe les effets du courant des rivières, on conviendra que c'eft moins par une grande réfiftance & des ouvrages difpendieux, que par des talus doux & des bords rampans qui en amortiffent l'impétuofité, qu'on parviendra à s'en rendre maître. Quant au canal latéral, par les mêmes raifons, il n'exigeroit que pareille étendue. Comme le terrein dans cet efpace eft une plaine fertile où on pourroit l'établir hors de portée des inondations, on fent combien les affertions de M. *Bertrand* font hafardées dans tous les points.

La crainte de l'établiffement d'un port au-deffous de *Choifey* ne cauferoit plus d'inquiétude ; fa place naturelle feroit au nouveau pont de *Dole* ; on en remplaceroit le radier trop élevé de l'arche principale par un arc renverfé, pour la rendre marinière (20) : *cette difpofition occafionneroit bientôt dans cette partie un aggrandiffement* confidérable & dont le fol feroit de niveau avec la levée au travers de la plaine : les caves & magafins au-deffous (affurés d'être à l'abri des grandes eaux), occuperoient une grande partie du vuide, & les buttes voifines fourniroient au remblais du fuplus. On fent aifément combien l'accès en feroit plus facile, à tous égards, que celui que M. *Bertrand* propofe au pied de la rampe roide qui conduit *de la porte de Befançon au canal de l'Arquebufe*, lequel forme une grande ifle fans accès, & qu'il faudroit aller chercher par des défilés très-étroits, au moyen d'un fas embarraffant, qui, dans l'état des chofes, fupprimeroit ou gêneroit confidérablement un débouché aux grandes eaux, & exigeroit des travaux depuis la prife des eaux jufqu'au port, plus coûteux, à coup sûr, que ce qu'il eftime.

Enfin, doit-on compter pour rien le payement de 48 ℔ de droits *par*

---

(20). Cette opération ne feroit peut-être pas plus difficile que celle que M. *Bertrand* propofe à la culée & à la pile du *petit pont*, ayant une grande arche très-élevée. V. page 35 de fon Projet imprimé.

*bateau, grand & petit, chargé ou vuide; la nécessité de rompre charge;
le renvoi de partie des équipages devenus inutiles, & la perte du temps,
qui en font la suite?* Ce droit eft fimple, il eft vrai; mais eft-il jufte? Un
bateau, comme une voiture, ne doit payer qu'en proportion de ce qu'il
porte : *tous inconvéniens & entraves que la navigation naturelle de la rivière épargneroit au commerce.*

Quant à la navigation des parties fupérieures du *Doubs*, les reffources
de M. *Bertrand* ne font pas moins onéreufes : « c'eft de s'en rapporter, dit-
» il pag. 2, à l'intérêt & à l'induftrie tant des feigneurs riverains que des
» propriétaires d'ufines qui peuvent rendre très-praticables, à peu de frais,
» *les bords & les pertuis fupérieurs de la rivière* », (moyennant un droit
fans doute, au paffage de chaque bateau, calqué fur celui de fon projet) :
mais, à Dieu ne plaife qu'une pareille reffource foit jamais mife en ufage !
indépendamment du mal que produiroit la confervation de ces éclufes, l'é-
tabliffement de pareil droit fuffiroit feul pour anéantir la navigation la mieux
établie. On fait, & M. B. l'a dit lui-même, que ceux de la *Saône* ont fait
préférer les tranfports par terre, pour les marchandifes pefantes, comme les
fers, &c. D'ailleurs, ce n'eft pas dans le moment où l'Affemblée Nationale
cherche à réduire les droits, qu'il faut propofer ainfi de les multiplier.

C'eft cependant ce qui arriveroit de la manière la plus allarmante, fi
elle adoptoit le fyftême de M. *Bertrand, de rendre le DOUBS navigable
par retenues*, fyftême qui ne peut convenir qu'à de moyennes ou de petites
rivières peu éloignées de leur fource, lefquelles n'auroient qu'un pouce &
demi ou deux pouces de pente par cent toifes, (telles que M. le chevalier
du Buat les fuppofe dans fes Principes d'hydraulique), *& qui cependant
exigeroient, pour être navigables, des retenues à chaque lieue de diftance.*
Mais nous avons vu que le *Doubs*, autour de *Befançon* (malgré l'ample fi-
nuofité dont il l'enveloppe), a encore au moins fix pouces de pente par cent
toifes : il faudroit donc, pour y établir une telle navigation dans toute fon
étendue, *trois retenues par lieue pour que le remou, occafionné par une
digue, arrivât au pied de la digue fupérieure,* fans quoi il y auroit des
intervalles où la navigation ne pourroit pas fe faire, à caufe du peu de
profondeur que fon exceffive largeur (fur-tout à la chute de ces digues),
lui a procuré : ce qui, dans un cours d'environ trente-trois lieues de

développement, depuis *Dole* jufqu'à l'embouchure de l'*Alland*, exigeroit dans ce cas *environ cent fas*; & par conféquent *cent péages, cent digues, &c.*; c'eft-à-dire, *le triple du nombre de celles qui y reftcroient après la conf-truction du canal de DOLE à ST.-JEAN-DE-LOSNE*: or, fi ces 33 digues ont déjà caufé tant de ravages à leurs bords & dans les poffeffions riveraines; fi elles ont tellement ràlenti la vîteffe de cette rivière, qu'elle n'a plus la force d'enlever les dépôts qui s'accumulent dans fa partie infé-rieure; fi elles occafionnent dans les parties fupérieures des inondations fi défaftreufes, *que n'en auroit-on pas à craindre, lorfqu'enflée par les grandes eaux, elle rencontreroit tant d'obftacles à fon écoulement?*

Mais que d'avaries ces obftacles eux-mêmes & les paffages qu'on y auroit pratiqués, n'éprouveroient-ils pas du choc des corps pefans que les eaux entraînent lors des grandes crues, comme fables, graviers, pierres, ainfi que des corps flottans accumulés, comme glaçons, poûtres, troncs d'ar-bres, &c., lefquels font pouffés alors avec d'autant plus de force, que les eaux, dans cet état, ont plus de vîteffe? J'ai obfervé, pendant la crue du mois de novembre 1781, qu'elles parcouroient dans une minute l'intervalle compris entre le baftion du *St.-Efprit*, à *Befançon*, & le *pont de pierre*: cet efpace eft d'environ cent toifes, ce qui fait dix pieds par feconde: il eft même préfumable qu'il y a eu telles crues où cette vîteffe étoit encore plus grande, puifque, malgré la folidité de ces digues, les grandes eaux y ont fait de temps à autre des brèches qui n'eurent point lieu en 1781. La réparation de ces brèches a coûté dix-huit à vingt mille livres: on affure que leur conf-truction en coûteroit au moins cinquante mille; ce feroit donc pour foixante-fept éclufes intermédiaires . . . . 3,350,000 ₶

A l'égard des fas que M. *Bertrand* fe propofe d'y adapter, ils auroient fans doute, ainfi que ceux de fon canal de *Dole* à *St.-Jean-de-Lofne* « 18 toifes de longueur entre » les bufcs, & 21 pieds de largeur entre les bajoyers, comme » font, dit-il, la plûpart des pertuis actuels du *Doubs*, & » comme fera l'éclufe projetée à *Auxonne* (28), pour pou-

3,350,000 ₶

(28) Voyez: *Navigation de Bourgogne & Mémoire fur la navigation fupérieure de la Saône, par MM. Antoine*, 1774.

De l'autre part . . . . 3,350,000 ##

» voir y admettre les moyens bateaux de la *Saône* ». La
chute des digues étant fuppofée de cinq pieds, celle de ces
fas doit être égale, pour que la navigation puiffe être praticable d'une digue à l'autre : mais les inconvéniens de cette
conftruction font trop frappans, pour pouvoir l'admettre
à aucuns égards.

D'après la coupe de l'éclufe d'*Auxonne*, il paroît que l'entretoife fupérieure des portes bufquées d'*amont* n'eft élevée
au-deffus des baffes eaux, que d'environ deux pieds & demi.
Suivant le projet imprimé de M. *Bertrand* (pag. 29), le
Doubs eft fujet à des crues de 9 pieds au-deffus de fes eaux
moyennes, qu'il regarde comme fupérieures de 2 pieds aux
eaux baffes (pag. 19 & 20) : ainfi les grandes eaux furmon-
teroient cette entretoife de 8 pieds & demi. Dans cet état
la différence de niveau en *amont* & en *aval* difparoît ; d'où
il fuit, que ces fas feroient entièrement fubmergés par les
grandes eaux qui, par la diverfité des chocs qu'elles y pro-
duiroient, agiroient & feroient réfléchies dans tous les fens
contre leurs différentes parties, tant intérieures qu'exté-
rieures : eft-il préfumable que les tourbillons impétueux qui
en réfulteroient, ménageroient mieux ces fas qu'ils n'ont
refpecté le baffin éclufé de la digue, ci-devant, du moulin
de *Criffey* ?

A tous ces inconvéniens infurmontables, ajoutons ceux
qui arriveroient du choc des corps que ces grandes eaux
entraînent, ainfi que des dépôts occafionnés par l'élévation
des bufcs, lefquels s'oppoferoient à la manœuvre des portes
fuppofées ouvertes (21) ; & on fera forcé de convenir, que

3,350,000 ##

(21) Étant fermées, les dépôts & les difficultés feroient encore plus confidérables.
(NOTA.) Cette cote citée dans mes *Obfervations fur le Mémoire de M. B.*, répond dans celui-ci à la cote 11.

      ci-contre . . . . 3,350,000 ₶

les fas à doubles paires de portes bufquées ne conviennent
en aucune façon dans les rivières fujettes à de grandes crues.

  Quelle feroit donc la dépenfe d'un fas éclufé en maçonnerie, s'il étoit queftion d'en élever les portes & les bajoyers au-deffus des grandes eaux, comme il conviendroit
de le faire, puifque l'auteur de la navigation de *Bourgogne*
la porte pour un fas fubmergé au triple de celui en charpente
& en terre qui, avec ralongement, coûteroit à *Auxonne*
30,000 ₶ ? Mais fuppofons qu'à caufe de la facilité d'avoir
fur le *Doubs* des matériaux à moindre prix, la dépenfe
moyenne d'un fas, dans une des digues de cette rivière, ne
fût que de *foixante mille livres*, épuifemens compris, au lieu
de 90,000 ₶ : ce feroit, pour cent fas pareils, un objet de
fix millions, ci 6,000,000

  Pour le canal de M. *Bertrand* de Dole à St.-Jean-de-Lofne,
fuivant fon eftimation très-affoiblie, ci 729,000

  Ainfi la navigation du *Doubs* par retenues avec le canal
de dérivation ci-deffus (non compris ce que la *Saône* exigeroit de dépenfes pour la rendre navigable jufqu'à *Verdun*) ⎯⎯⎯
feroit un objet de plus de . . . . 10,079,000 ₶

  Dans ces circonftances on ne fauroit être affez furpris de ce que, malgré
l'expérience de l'inutilité des efforts qu'on a faits dans ces derniers temps, à
cet égard, malgré les maximes & les procédés contraires des plus grands
hommes en ce genre, M. *Bertrand* & fes partifans s'obftinent à fe fervir
de ces digues perfides qui, par l'évènement, après avoir fait longtems lan-
guir la navigation, occafionneroient des dépenfes plus confidérables que
celles qu'exigeroit une bonne difpofition du lit naturel des rivières (22). En
le garantiffant lui-même de ravages & de dépôts, elle préferveroit en même
temps les campagnes de toute efpèce de débordement forcé, opéreroit

---

(22) *N. B.* que nous ne parlons ici que des rivières fujettes à de grandes crues, & qui
peuvent être navigables par elles-mêmes, où qu'on peut rendre telles.

F

beaucoup mieux les defféchemens & l'amélioration des terres; favoriferoit les arrofages & les inondations volontaires; donneroit des emplacemens de moulins & d'ufines, en confervant les anciens établiffemens de ce genre, fans nuire à la navigation; & enfin coûteroit moins que la conftruction d'un canal neuf collatéral & indépendant, & que toute navigation artificielle. Ces vues générales font trop effentielles à la queftion particulière, pour ne pas entrer dans quelques détails à ce fujet.

Quelqu'étendues que foient ces conditions, nous eftimons qu'il ne faut, pour les remplir, que fuivre une marche oppofée à celle que l'on tient actuel-lement. Au lieu de ces obftacles de toute efpèce qu'on introduit dans nos rivières, pour la pêche, les ufines, les moulins, &c.; au lieu de ces digues tranfverfales & des paffages inutiles ou dangereux qu'elles obligent d'y conftruire avec beaucoup d'appareil & de dépenfe (pour qu'elles puffent réfifter au choc direct & à l'impétuofité des grandes eaux) il feroit certai-nement bien plus fimple, qu'après avoir dégagé ces rivières de tout ce qui s'oppofe à leur écoulement naturel, on les refferrât dans un lit affez étroit pour en élever les eaux à la hauteur fuffifante à la navigation, lors même des temps de féchereffe, conformément aux exemples que nous avons cités d'après M. de la Lande, numéros 350, 478, 497 & 500 du *Mémoire de Bory*, & aux Principes d'hydraulique ci-devant cités, de M. le chevalier *du Buat*.

Au refte, cette opération ne feroit pas auffi difficile & auffi longue qu'on pourroit le penfer, foit que les obftacles à enlever confiftaffent dans des barres ou gués en fables & graviers, ou qu'ils fuffent des bancs de roc, tels qu'il s'en trouve dans le *Doubs*. Pour enlever les bas-fonds de fable & gravier, dans des ports ou rivières, à telle profondeur que la naviga-tion pourroit l'exiger, feu M. *Loriot*, dont les talens font connus, avoit adreffé en 1779, aux Etats de *Languedoc*, le modèle d'une machine fort fimple (23), au moyen de laquelle on pourroit très-aifément, à peu de

---

(23) Cette machine confifte dans un treuil vertical, foutenu par un plancher pofé fur un échafaud, radeau ou bateau même, dont le cable paffant fur des poulies faillantes, fituées aux extrémités oppofées du plancher, fait mouvoir, de l'un à l'autre bord, en def-fous de l'affemblage, deux très-grandes cuillers en tôle, adoffées l'une à l'autre, & tenant

frais & en peu de temps, draguer une très - grande quantité de fable &
de gravier. Les déblais en provenant feroient dépofés dans les endroits
du lit des grandes eaux qui en auroient befoin, avec les précautions néceffaires pour qu'elles ne puiffent pas les entraîner par la fuite ; & le furplus
feroit arrangé fur les bords, en digues ou levées fervant de chemin de hallage ; obfervant, en général, d'adoucir la pente des bords du chenal, ci-
deffus, dans fes coudes & contours, par les talus les plus doux qu'il fera
poffible, & de lier ces coudes par les parties intermédiaires les plus longues
& les plus droites que faire fe pourra ; mais avec un talus moindre. Le
fommet de ces talus & la partie contiguë du lit des grandes eaux, feroient
fubmergés de quelques pouces par les eaux du chenal, & feroient plantés de
menues herbes aquatiques, ainfi qu'on le peut voir au profil que M. de *la
Lande* a donné, pl. prem. de fes *Canaux de Navigation*. J'en ai vu fur les
bords du canal de *Languedoc*, des parties d'une très-grande étendue, qui
en affermiffent tellement le fommet, que le choc des flots, occafionnés par
la marche rapide des bateaux de pofte, ne peut plus les entamer.

Dans cet état, il eft préfumable que le chenal ayant toujours au moins
cinq pieds d'eau, & une augmentation de vîteffe proportionnée à fon plus
de hauteur, il ne s'y feroit aucun dépôt, puifque les eaux étant baffes,
elles font ordinairement claires ; & que, lorfqu'elles font troublées par les
crues, la hauteur de l'eau dans le chenal y étant toujours plus profonde
que dans le lit fupérieur, la vîteffe y augmentera à proportion & aura plus
de force pour les entraîner, que celle du refte du lit des grandes eaux : ainfi,
fi ce dernier eft trop vafte (ce qui eft le défaut de prefque toutes les rivières)
les dépôts s'y feront d'eux-mêmes, toujours en raifon de la moindre profondeur ; &, par conféquent, toujours vers les bords. C'eft ainfi que, lors
des orages, on voit les eaux des ruiffeaux qu'ils forment au milieu des rues,

---

à un même châffis en fer, qui va & vient alternativement, en forte que l'une en allant
fe remplit de matières qu'elle verfe, en bafculant, à l'extrémité de fa courfe, dans un canal
incliné, ou dans un bateau qui les conduiroit où befoin feroit ; tandis que celle qui l'a
fuivi à vuide, fe rempliroit au retour & fe vuideroit de même. Ce treuil étoit mu par
des hommes appliqués à de grandes barres en croix ; mais on pourroit y adapter plus heureufement le *levier-moteur* de M. l'abbé *Démandre*.

entraîner les terres & les fables dont elles font chargées, tant qu'elles fe fuccèdent avec abondance : mais dès que l'orage fe paffe, & que la crue diminue, la vîteffe s'affoiblit, les dépôts fe forment fur les bords (vers lefquels cette vîteffe commence ordinairement à fe ralentir); tandis que le milieu (où elle fe conferve auffi long-temps que les eaux y coulent rapidement), en eft toujours exempt.

La nature uniforme dans toutes fes opérations de même genre, fuit en grand dans les rivières les mêmes procédés : & comme, en fe retirant, les eaux laiffent ordinairement, de part & d'autre, leurs dépôts à découvert, on conçoit qu'elles donneroient à une bonne adminiftration de la navigation fluviale, le temps de les arranger, lorfque, par quelque cas particulier, ils déformeroient le lit fupérieur des grandes eaux. Enfin, comme il eft reconnu que, dans toute veine fluide le courant eft néceffairement déterminé par la configuration du fond, il eft clair qu'on le forceroit, lors des grandes eaux (par le moyen du chenal ci-deffus), de marcher parallèlement & à égale diftance des bords; ce qui les préferveroit de toute dégradation, & mettroit ces eaux dans le cas de pouvoir fe former d'elles-mêmes, & conferver un régime exact dans tous les états où elles pourroient fe trouver.

Dans tout ce que nous venons de dire, nous avons fuppofé que les déblais provenant du chenal qu'on pratiqueroit à travers les barres ou gués en fables & graviers qui s'oppofent à la navigation, feroient employés, à portée, en remblais dans le lit des grandes eaux; mais fi ce dernier n'en avoit pas befoin, il eft un moyen éprouvé de faire entraîner ces déblais par le courant même des eaux, en fe fervant d'un épi flottant, dont il eft parlé dans les canaux de navigation de M. la Lande (N° 394): on y voit, que, placé fur un banc de fable dans la Seine, vis-à-vis de *Quillebeuf*, cet épi y a creufé en 24 heures une profondeur de quatre pieds d'eau; & qu'un autre épi de fix pieds de longueur fur 14 pouces en quarré, fit une fouille de 144 pieds de longueur, fur 80 pieds de largeur, qui avoit dans fon milieu 5 à 6 pieds de profondeur d'eau. Les effais que M. *Hell*, *député d'Haguenau*, a faits fur le *Rhin* avec des épis de fon invention, donnent à cet égard les plus grandes efpérances de fuccès.

Quant aux rochers qui fe rencontreroient dans le chenal à creufer aux baffes eaux d'une rivière, c'eft une opération à part que les bateaux mêmes

de M. *Loriot* faciliteroient. M. *Boyer*, Infpecteur des ouvrages du port
de *Marfeille*, a enlevé à 12 ou 13 pieds de profondeur, à l'entrée du port,
avec deux machines à curer, un écueil contre lequel tous les efforts de l'art
avoient échoué; & on fait que M. *Groignart*, célébre conftructeur du nouveau baffin de *Toulon*, a applani & dreffée, à trente pieds fous l'eau, un
fond de roc & de faffre, dans lequel il a tranché l'emplacement des fept
quilles d'une caiffe de 300 pieds de long & environ 100 pieds de large,
(chargée d'une grande partie des matériaux deftinés à la conftruction de ce
baffin), & qu'il les y a logées avec une précifion qu'on ne peut concevoir
qu'à la vue des moyens qu'il y a employés. On voit que ce que nous pro-
pofons eft bien peu de chofe vis-à-vis de ces grandes opérations; les rochers qui pourroient nuire à la navigation du *Doubs*, n'étant pas à une
grande profondeur, pourroient s'enlever d'autant plus aifément, qu'*ils font,
pour la plûpart, formés par des lits minces de roc pourri.*

Au refte, quoique la *navigabilité* d'une rivière dans fes eaux baffes pût
& dût être, avant tout, reconnue par les calculs, on pourroit néanmoins la
vérifier par des effais peu difpendieux, qui indiqueroient en même temps la
manière d'y procéder & les proportions à garder dans l'exécution entière
du projet. Il ne feroit d'abord queftion pour cela, que d'approfondir & d'é-
largir, fur une petite longueur feulement, l'emplacement du chenal où on
fe propofe de raffembler les eaux, de part & d'autre de la ligne qui doit en
diriger le courant, jufqu'à ce qu'il y ait environ cinq pieds de hauteur d'eau
& la largeur néceffaire pour que toutes les eaux baffes de la rivière y fuffent raffemblées. Si cette largeur alors ne pouvoit fuffire au paffage de deux
bateaux qui fe croifent (& que la rivière fût fujette à de grandes crues),
nous eftimons qu'il faut, à l'exemple de M. de Riquet & de MM. de Régemorte,
établir un canal collatéral de navigation artificielle: dans le cas contraire, il
eft clair que la navigation de cette rivière peut avoir lieu fans digues, fas,
ni pertuis. L'effai dont nous venons de parler (dans lequel il ne s'agit que de
prendre des fondes & quelques mefures), eft à portée des ouvriers les moins
intelligens; &, dans l'exécution, on pourroit employer en différens endroits
de la rivière plufieurs atteliers à la fois, en multipliant (aux frais de la Nation, fuivant l'efprit du rapport de M. Arnoulr), les machines à curer, dont
il ne fauroit y avoir un trop grand nombre, fi l'on veut remettre en état

les différentes rivières du Royaume qui font fusceptibles de navigation (24).
Il est inutile de dire que, dans ce cas, il feroit établi en un même temps,
vis-à-vis de chaque atelier, des repaires fixes des plus basses eaux, d'après
lesquels tout le travail feroit réglé fur un nivellement général, dont néanmoins on pourroit fe dispenser, en partant fimplement du point le plus bas
où la rivière foit navigable, & remontant jusqu'à celui où l'on veut en pro-
longer la navigation. Cette dernière méthode emploieroit beaucoup de
temps & exigeroit, pour ne point faire de travail inutile, qu'on ne mît pas
d'abord chaque partie à fond (à caufe du versement des eaux d'une partie
à l'autre), & qu'on ne terminât chaque recreufement qu'après différentes
reprifes, qui établiroient définitivement un régime exact du courant de la
rivière ou du fleuve dans fes eaux basses.

Pendant que l'on en arrangeroit ainfi le *lit inférieur, les riverains feroient*
obligés de recouper les berges du lit fupérieur des grandes eaux, fous un
talus très-doux, qui feroit ensuite femé de graines de bonnes herbes, dont
ils feroient la récolte à leur profit. Les terres provenant de ces déblais,
feroient dépofées fur les bords de la rivière, pour en revêtir la masse des
chemins de tirage, que l'on pourroit former des pierres, cailloux, fables &
gravier de fon lit, à la manière des leyées *romaines;* (telles qu'on en voit
une fur le bord du *Doubs,* depuis *Bluffans* jufqu'à *Dampierre-les-Mont-*
béliard): après quoi on combleroit du reftant, s'il y en a, les parties bastes
des rives par lefquelles les grandes eaux fe répandent dans les campagnes,
en y ménageant toutefois les passages nécessaires pour l'écoulement des eaux
du pays.

Il y a lieu de croire qu'au moyen de ces difpofitions, ou autres relatives

---

(24) Il feroit à défirer qu'à l'exemple des *Romains,* il y eût en *France* une troupe
de nautoniers, uniquement confacrés à accommoder le lit des fleuves & des rivières pour
les rendre propres à la navigation qu'elles feroient chargées d'y exercer, (ainfi que je l'ai
déjà obfervé dans le Profpectus de la jonction du *Rhône* au *Rhin,* & qu'on le voit dans
la préface des canaux de navigation de M. *de la Lande*). Les travaux en feroient projetés
& dirigés, fur les frontières, par le Corps-Royal du Génie, relativement à leur défenfe, au
tranfport des troupes, des munitions de guerre & de bouche, & au commerce; & dans
les Départemens de l'intérieur du Royaume, eu égard au commerce feulement, par les
Ponts & Chauffées.

aux circonſtances locales, ou n'auroit plus à craindre de dépôts dangereux dans le lit des rivières ; que les berges feroient à l'abri de tout ravage ; qu'on préſerveroit les campagnes de toutes eſpèces de débordement forcé ; & enfin qu'il en réſulteroit les defſéchemens & l'amélioration des terres, parce que les eaux, dans quelqu'état qu'elles fuſſent, ne rencontrant plus d'obſtacle à leur marche, ceſſeroient de s'accumuler ; que le courant, toujours également éloigné de leurs bords, ne pourroit les atteindre, & que s'écoulant avec la plus grande facilité, les eaux baiſſeroient confidérablement & ne pourroient plus s'oppoſer par leur élévation, à l'évacuation de celles qu'elles faiſoient auparavant ſtagner.

Enfin, quant aux arroſages des terres & à l'établiſſement des moulins & uſines, ils pourroient avoir lieu de deux manières : la première feroit de former, dès la ſource des eaux affluentes ci-deſſus, au travers des vallons étroits par leſquels ces eaux ſe portent vers ces rivières, des retenues ou magaſins d'eau, tels qu'ils étoient autrefois difpoſés, auxquels on adapteroit comme anciennement, les uſines & moulins dont il s'agit ; tandis que dans les vallons plus ouverts, on les placeroit fur les rigoles qui ſerviroient à la diſtribution des eaux ; & cette méthode intéreſſe les terres de l'intérieur des campages : mais comme les propriétaires riverains pourroient n'en rien recevoir, on pourroit en ſecond lieu dériver de la rivière même des canaux qui en prendroient toutes les eaux néceſſaires tant pour les abreuver, que pour donner des emplacemens de moulins & uſines, autant néanmoins que la pente & le volume de la rivière le permettroient, fans nuire à la navigation & au régime qui lui eſt néceſſaire pour enlever ſes dépôts. Il y a apparence que telle étoit à peu près l'ancienne économie des eaux, avant que les moulins ſe fuſſent emparés des rivières. (Voyez le Rapport des Comités *Féodal*, des *Domaines*, de *Commerce* & d'*Agriculture*, par M. *Arnoult*, Député de *Dijon*).

Pour préſerver d'abord ces canaux du ravage des inondations, on placeroit à leur tête des portes de garde, au moyen defquelles on pourroit recevoir, lors des grandes eaux, la partie la plus légère & la plus féconde du limon dont elles feroient chargées, en ne les prenant qu'à la ſurface ; tandis qu'elles en excluroient les fables & graviers qui, étant plus peſans, reſteroient toujours au-deſſous de l'orifice de la priſe des eaux. On pourroit d'autant plus aisément répandre ces eaux limoneuses & les faire déposer sur les terres, qu'elles y seroient retenues en travers des plaines par des petites digues & sillons perpendiculaires à la rivière, (comme on en voit sur les bords du *Rhône*, près *Valence*), ainsi que par de petites levées sur le bord des rigoles & des contrefossés des chemins de hallage, qui faciliteroient leur séjour sur les terres ou leur écoulement dans la rivière après le dépôt, au moyen des écluses à poutrelles ou à vannes brisées dont on muniroit ces rigoles & contrefossés, à leur entrée & à leur sortie.

On objectera, sans doute, que la *suppression des écluses entraîneroit celle des moulins; & que ces établissemens sont indispensablement nécessaires pour avoir du pain.*

A quoi je réponds, qu'on peut supprimer les écluses, sans pour cela rendre inutiles les moulins pour lesquels elles ont été construites. Avant cette funeste invention on faisoit du pain; ces écluses sont impraticables sur les grands fleuves, tels que le *Rhône*, la *Garonne*, la *Loire*, la *Seine*, le *Rhin*, le *Danube*, &c., si ce n'est vers leurs sources: la *Saône*, dans une grande partie de son cours, n'en a point; toutes les rivières rapides, qui sont sujettes à de grandes crues, en sont nécessairement exemptes, (sauf le *Doubs* qui malheureusement fait exception) & cependant les contrées que ces fleuves & rivières parcourent, se procurent de la farine sans leur secours.

On peut donc, sans elles, avoir des moulins: il y a plus, si on se dépouilloit des préventions qu'une longue habitude nourrit, on verroit que de toutes les espèces de moulins communément en usage, ceux dont l'établissement est le plus coûteux, sont les moulins à écluses. On sait, en général, qu'ils sont exposés à chommer, ou par la trop grande abondance, ou par la disette des eaux. Nous avons vu que, lorsque les grandes crues entraînent des glaçons, des poutres, des arbres & autres corps dont le choc est alors très-violent, leurs digues, vannes ou tournans en sont ordinairement fort endommagés; & que les réparations que ces avaries exigent sont nécessairement très-considérables. Tout ce que nous avons dit dans ce Mémoire prouve qu'ils sont en même temps très-funestes, soit aux propriétés riveraines, soit à la navigation: desorte qu'on ne peut assez s'étonner de ce que les fleuves & les rivières étant un bien commun, on ait laissé à des particuliers le droit de se l'approprier exclusivement, au détriment de tous. C'est-là , fans contredit, un des plus grands maux qu'ait produit le barbare régime de la féodalité.

Les moulins fur bateaux font préférables , en ce qu'ils laiffent ordinairement paffage à la navigation , & n'occafionnent point de débordemens : mais s'il falloit placer fur des bateaux , par exemple , chacune des ufines que contiennent les cinq moulins établis fur le *Doubs* autour de *Befançon*, la furface de la rivière y fuffiroit à peine , & la navigation ne pourroit pas s'y faire : d'ailleurs , lors des grandes eaux , ces moulins courroient beaucoup de rifques , dans une rivière qui a autant de vîteffe que le *Doubs*; & leur deftruction entraîneroit celle des ponts & autres ouvrages au-deffous ; la viciffitude des eaux , dans l'une & l'autre efpèce de moulins , en imprime au mouvemens des meules & à la mouture. Comme on ne peut pas les établir indifféremment *par-tout*, ils occafionnent aux habitans des campagnes éloignées , qui en manquent, des frais de tranfport très-grands, fur-tout lorfque les communications ne font pas en bon état; & il y a quelquefois tel moulin où telle habitation eft forcée de venir moudre de 5 à 6 lieues (25).

Les moulins à vent, en effet , feroient encore , à bien des égards , plus avantageux que ces derniers, fur-tout ceux *à la Polonaife*, comme on en voit un près de *Toulon* : mais ces moulins , en général , font auffi dans le cas de chommer très-fouvent , dans les endroits où il n'y a pas de vents réglés , tels que font ceux qui s'élèvent périodiquement fur le bord de la mer , ou qu'on éprouve dans des pays de plaines. Les pays de montagnes, comme le nôtre, y font peu propres, parce qu'on y reffent fréquemment les extrêmes de cet élément inconftant , qui tantôt ne leur donne aucune activité , & bientôt après les renverfe. A la vérité on remédieroit à fes viciffitudes par le *régulateur anglois* des moulins à eau & à vent, imaginé pour le fameux moulin de M. *Bolton* à *Londres* * : & les moulins *à la Polonaife* n'auroient pas à craindre fa violence; mais *fon calme les rendroit nuls* ; & , pour les faire fervir à tant d'ufines, ils engageroient dans une dépenfe exceffive. Les viciffitudes du vent étant encore plus grandes que celles de l'eau , il étoit à

---

(25) M. *Hell* , député d'Haguenau , & M. *Freminet* , mécanicien de la Marine , fe font rencontrés dans l'invention *d'un moulin à vent domeftique* qui ne coûteroit qu'environ 100 liv. , & au moyen duquel on éviteroit tous ces frais ; fi l'on pouvoit affez compter fur cet élément.

* Ce moulin vient d'être la proie des flammes.

G

craindre que tous ces moulins, en général, ne donnaffent qu'une très-mau-vaife mouture; mais le docteur *Defaguliers* fe propofoit d'y remédier (26), & c'eft à quoi on étoit parvenu par le *régulateur anglois* de M. *Bolton*. Au furplus les habitations éloignées des emplacemens que toutes ces fortes de moulins exigent, ne pourroient en faire ufage qu'à grands frais.

Tous ces inconvéniens n'ont point lieu dans les moulins mus par des ani-maux; la machine même en eft vraifemblablement moins chère; mais l'achat de ces animaux, le nombre qu'il en faut pour pouvoir les relayer, leur nour-riture, les bâtimens qu'ils exigent, les remplacemens, les équipages, &c. toutes ces circonftances rendent ces moulins très-coûteux & d'un gros en-tretien; & c'eft cette confidération, fans doute, qui les a fait abandonner pour les moulins à eau.

Quant à ceux mus par des hommes, nous les croyons les moins difpen-dieux du côté de la conftruction, fur-tout ceux de M. *Berthelot*: on voit par le profpectus de fon ouvrage intitulé : *La Mécanique appliquée aux Arts*, que fes moulins à pédales ne reviendroient en province qu'à 600 livres par meule. Le levier moteur de M. l'abbé *Demandre* pourroit auffi y être très-heureufement employé. Si la force feule pouvoir y fuffire, il feroit à défirer fans doute qu'on y fît ufage de préférence d'un animal quelconque, mais il faut y joindre l'adreffe; & dans ce cas, l'une & l'autre doivent être payées d'autant plus chèrement, qu'il n'eft pas poffible qu'un même homme puiffe foutenir long-temps un pareil exercice, qui met tout le corps en contrac-

---

(26) « Le lecteur, dit-il, fera peut-être étonné que dans ce détail de tant de différentes » machines, je n'aie fait aucune mention des *moulins à vent*: mais je n'en ai point » parlé, parce qu'il leur manque un point effentiel, qui eft la méthode de leur faire moudre » le grain uniformément, lorfque le vent varie fubitement: car quelquefois, lorfqu'à » peine ils brifent le grain, le mouvement augmente fi fort & les pierres vont fi vite » que la farine s'échauffe entièrement & fe gâte. On diminue, à la vérité, dans ce cas, » la furface des voiles, mais cela ne peut pas toujours fe faire affez promptement, lorf-» que le vent augmente fubitement. On peut trouver quelque invention pour augmenter » le mouvement du moulin, laquelle cefferoit d'elle-même, lorfque le vent viendroit à » s'élever fubitement, & qui reviendroit à mefure que le vent s'affoibliroit. Je n'ai pas » ouï dire que perfonne ait fait ufage d'une pareille invention. J'efpère cependant d'en » venir à bout, & j'en ai formé le projet; il y a plus de vingt ans, mais d'autres affaires » m'en ont détourné. Je me flatte d'en venir à l'exécution avec le temps, fi Dieu me » conferve la vie. » (*Cours de Phyfique expérimentale*, tom. 11, pag. 629 & 630).

tion. D'après cela, on fent aifément qu'il faut relever un tel homme; & alors l'activité de ces moulins doit être néceffairement fort coûteufe.

Le remède à tous ces inconvéniens feroit de faire mouvoir ces moulins par tout autre agent que l'eau, le vent, les animaux ou les hommes. MM. Perrier à Paris, viennent d'y employer la vapeur de l'eau bouillante, mife en activité par le moyen de la machine à feu, dont on a fait dans prefque toute l'europe un ufage fi heureux pour l'exploitation des mines, les fourneaux, le defféchement des marais, &c. (27).

Mais toutes ces machines doivent évidemment céder à celle que M. *FREMINET* va mettre fous les yeux de l'Affemblée Nationale. Cette précieufe invention intéreffe l'humanité toute entière, puifqu'elle peut être employée avec fuccès & peu de dépenfe, dans tous les temps, tous les lieux, toutes les circonftances; & qu'elle peut remplacer, aux moindres frais poffibles, dans les autres machines, tous les agens qui n'exigent pas une adreffe particulière.

On fent aifément qu'avec un moyen auffi fûr & auffi peu coûteux, il fera facile de fuppléer aux digues à travers les rivières, qu'on pourroit alors fupprimer, fans déplacer les moulins auxquels elles étoient deftinées : en conféquence que le *Doubs* & toutes les rivières encombrées s'approfondiroient jufqu'à leur lit primitif; que la navigation y reprendroit fon ancienne activité; que leurs débordemens n'auroient plus lieu, & qu'on rendroit à la culture une étendue immenfe de terreins marécageux qui infectent l'air & font périr les infortunés habitans, que ces rivières pourroient déformais enrichir & rendre heureux par une active navigation.

LA CHICHE.

(27) A l'exemple de M. *Bolton*, ces meffieurs ont fait fervir la vapeur à refouler, par une injection fupérieure, le pifton qu'une injection inférieure fert à élever : c'eft fur ce principe que font conftruites les deux fuperbes machines de l'Ifle des *Cignes*, qui font tourner chacune fix meules.

A DOLE, DE L'IMPRIMERIE DE J.-F.-X. JOLY 1791.